김재훈 지음

사이언스툰 과학자들2

데카르트부터 뉴턴까지

현대 사회는 과학이라는 이름 아래 모든 것이 설명된다고 해도 과언이 아닙니다. "과학적이다" 또는 "과학적이지 않다"라는 말 한마디로 모든 것이 판단되거나 설명되곤 합니다. 사람들은 은하계 너머의 먼 우주는 고사하고, 태양계에 속한 비교적 가까운 행성조차 직접 볼 수 없습니다. 그래도 과학자들이 계산한 별들의 운동 법칙을 신뢰하고 허블망원경이 전송해 준 사진을 믿어 의심치 않습니다. 어떠한 논쟁에서도 과학적이고 실증적인 근거를 많이 제시하는 쪽이 결국 승자가 되는 걸 당연시합니다.

오늘날 과학은 중세 서구 세계의 인식을 지배했던 계시의 로고스와 비교해도 그 권위가 결코 뒤지지 않습니다. 과학적 이성이 19세기를 지나 20세기를 관통하면서 세계관과 인류의 영혼에까지 침투하는 가공할 위력을 발휘할 때, 후설 같은 몇몇 철학자들은 실증주의에 천착하는 사유의 위험을 경고하기도 했습니다. 그러나 이미 대세는 기울었습니다. 대중은 관념이니 선험이니 하는 철학보다 스마트한 과학을 선택했습니다. 과거, 생각하는 철학자들이 사유의 일부분으로 다루었던 자연철학이 학문의 옥좌를 차지한 것입니다.

현대 사회에서는 종교도 비과학적이라는 이유로 비판받기도 합니다. 종교보다 과학이 우선하는 시대죠. 하지만 종교가 과학보다 우선이던 시대가 있었습니다. 오로지 신의 말씀과 그 대리인 격인 성직자의 가르침을 신뢰하고,

과학을 비종교적이고 비합리적이라는 이유를 들어 비난하거나 조롱하던 시대가 아주 멀리 있었던 것은 아닙니다. 그 시간 속에서 많은 사상가는 철학자이자 과학자였고, 투사이기도 했습니다. 고대의 자연철학자들부터 20세기 과학자들에 이르는 일화를 소개하는 《사이언스툰 과학자들》은, 어쩌면 세계의 원리와 현상을 이해하는 자신들의 방식을 알리기 위해 지난한 투쟁의 세월을 겪고 끝내 학문의 주역이 된 이들의 연대기일지도 모르겠습니다.

과학보다는 인문학에 더 친숙했던 사람이 과학 이야기를 그린다는 것이 쉬운 일은 아니었습니다. 하지만 나와는 전혀 상관없을 것 같던 과학을 역사와 인물로 접근하니 이야기로 풀어갈 수 있다는 자신감이 생겼습니다. 그래서 이 책이 탄생하게 되었습니다.

앞으로 여러분은 《사이언스툰 과학자들》에서 오늘의 과학 세계를 만든 50명의 과학자를 시대 순으로 차근차근 만나게 될 것입니다. 2권에서는 16~17세기의 과학자 9명을 만납니다. 세상 만물에 이름을 붙이거나 해부학을 통해 인체 구조를 파헤치고 혈액순환의 원리를 발견하는 등, 이 시기 과학자들의 귀납적 태도와 끝없는 관찰 덕분에 생물학은 큰 도약을 이뤘습니다. 또 뉴턴이 완성한 고전물리학은 오늘날까지도 유효하고, 빛의 본질에 대한 과학자들의 관심은 더욱 본격화되었습니다. 교과서에서 익히 만나왔지만 정작 자세히 알지는 못했던 과학자들이 주인공이 되어 자신의 이야기를 직접 들려줄 텐데요. 건조하기만 했던 여러 이론과 법칙이 나와 비슷하고도 다른 '인간'들의 삶 속에서 탄생하는 순간을 마주하다 보면, 과학이 전과 달리 좀 더 친근하게 느껴질 것입니다. 그럼 지금부터 2,500년 과학사를 추동해 온 위대하고도 인간적인 과학자들을 함께 만나러 가봅시다.

2023년 9월

김재훈

"진리를 추구하는 진정한 탐구자가 되려면,
인생에서 적어도 한 번은 가능한 한 모든 것을
깊게 의심해야 한다."

— 르네 데카르트

실험과 관찰로 무장한 과학자들은
자연의 이치를 깨우칠 수 있다는 자신감으로
세계를 탐구하기 시작했습니다.
오래된 경전과 전통의 권위를 용기 있게 허물고
자기 자신마저 의심했던 이들이
근대 과학의 포문을 열어젖혔습니다.

차례

책을 시작하기에 앞서 4

01 직접 인체를 해부하라
안드레아스 베살리우스 13

02 피는 돌고 돈다
윌리엄 하비 45

03 자신감 회복 프로젝트
르네 데카르트 77

04 기체는 진공 속에서 뛰어논다
로버트 보일 109

05 재주 많은 월급쟁이 과학자
로버트 훅 143

06 보이는 것이 다가 아니다
안톤 판 레이우엔훅 171

07 세 가지 운동 법칙
아이작 뉴턴 1   199

08 우주의 힘
아이작 뉴턴 2   233

09 빛의 본성을 탐구하다
크리스티안 하위헌스   265

10 생물 분류의 초석을 다지다
칼 폰 린네   299

이 책에 등장한 인물 및 주요 사건 333

이 책에 언급된 문헌들 334

참고 문헌 335

찾아보기 337

01

직접 인체를
해부하라

안드레아스 베살리우스

Andreas Vesalius (1514~1564)

벨기에의 의학자. 오랜 세월 동안 경전처럼 여겨진 갈레노스 해부학의 오류를 비판하고, 근대 해부학을 확립했다. 직접 인체를 해부하여 사람 몸의 구조를 설명했다.

1543년에는 과학사에서 매우 의미 있는
책 두 권이 줄간되었습니다.
하나는 오랜 천동설의 권위를 깨뜨리고
근대 우주관의 장을 연
코페르니쿠스의 《전체의 회전에 관하여》,
또 하나는 베일에 가려져 있던 인체 내부를
활짝 열어 보여주며 해부학이 나아가야 할
이정표를 세운 안드레아스 베살리우스의
《인체의 구조에 관하여》입니다.

르네상스에서 근대로 이어지던 16세기 중반, 새로운 자연과학의 산실이었던
파도바 대학에서 새로 부임한 의과대 교수의 해부학 강의가 시작되었습니다.

교수가 본격적으로 수업을 시작하자 학생들은 기절초풍할 광경을 보게 됩니다.

교수가 직접 손에 칼을 들고 시체의 배를 가르는 것이 아니겠습니까?

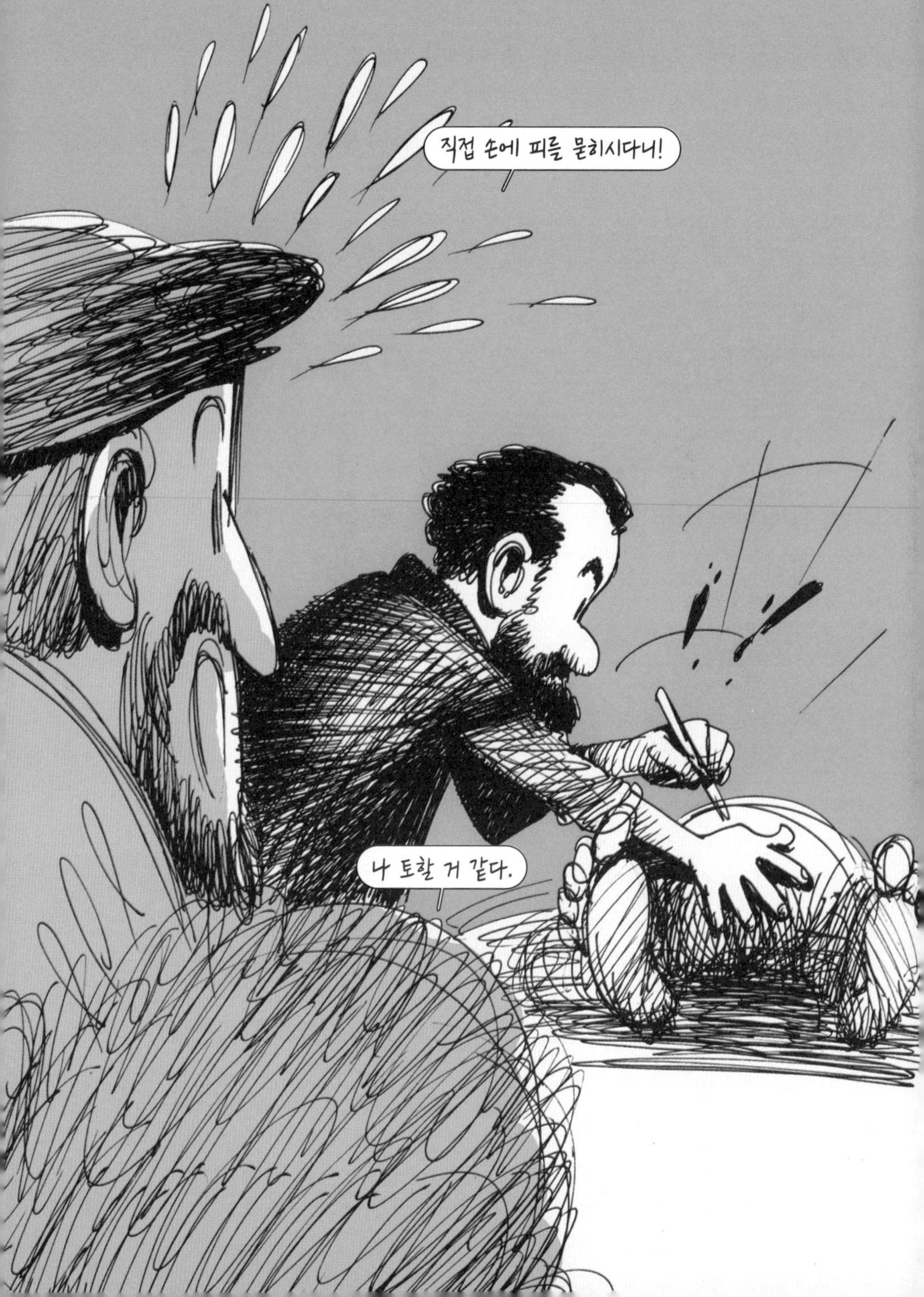

해부학 시간에 교수가 칼을 든 게 뭐가 이상하다고 그렇게 호들갑이었을까요?

그 당시 의대에서 인체 해부는 이발사 겸 외과 의사가 하는 일이었습니다.

학식이 높은 교수는 교단에 뻣뻣하게 서서 설명만 하고
인체 해부가 진행되는 동안에는 그 근처에 가지도 않았습니다.

학생들도 눈으로 보는 해부 실습보다 멀찌감치 떨어져 있는
교수의 설명과 라틴어로 쓰인 교재를 더 신뢰했습니다.
직접 해부를 담당한 외과 의사 대부분은 라틴어를 몰랐습니다.

하지만 그 교수는 기존의 관행을 따르지 않고 직접 칼을 들어
인체를 해부하며 수업을 진행했습니다. 그리고 학생들에게 실습이
교재로 공부하는 것보다 더 중요하다고 강조했습니다.

처음엔 모두가 놀라고 당황했지만 학생들은 그의 수업 방식을 선호했고,
곧 다른 대학의 해부학 강의도 달라지기 시작했습니다.

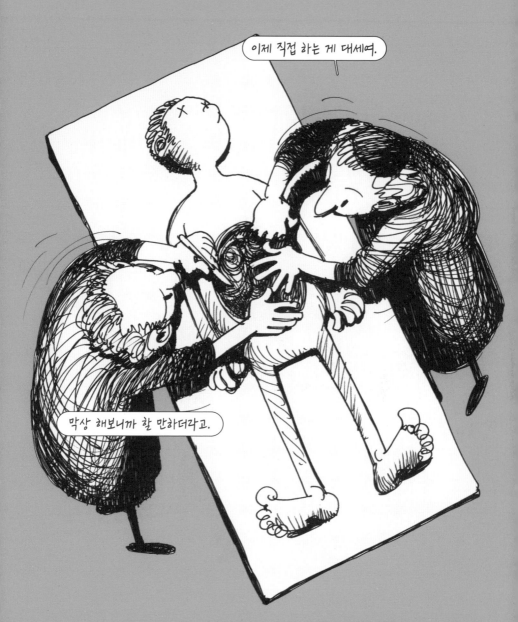

실험과 귀납적 태도의 해부로 새로운 의학 역사의 서곡을 지휘한 그는
근대 해부학의 아버지, 안드레아스 베살리우스입니다.

브뤼셀 태생, 약제사였던 아버지 영향으로 의학에
관심 가지며 성장, 루뱅 대학과 파리 대학에서 의학 공부,
파도바 대학에서 의학 박사 학위를 받았소.

베살리우스는 유럽의 의학이 로마 시대에서 중세를 거치는 동안
발전은커녕 오히려 퇴보했다고 생각했습니다.

그 원인으로 의학자들의 지나치게 근엄한 태도와 외과 시술을 경시하는 풍조,
그리고 실증 연구 없이 오래된 문헌의 권위에만 의존하는 관행을 지적했습니다.

그는 문제를 해결하기 위해 솔선수범하기로 마음먹었습니다.

바로 사람의 몸을 정확하게 파악하고,
그 정보와 지식을 함께 공유하는 체계를 마련한 것이지요.
올바른 인체 해부학이 모든 의학의 기초가 될 거라고 확신했기 때문입니다.

베살리우스는 좀 더 정교한 해부학 교재가 필요하다고 판단했습니다.
그래서 자신이 인체 해부를 하는 동안 곁에서 삽화를 그릴
솜씨 좋은 화가도 고용했습니다.

베살리우스의 해부학 수업은 점점 더 유명해졌습니다.
파도바 지역의 판사가 베살리우스의 실습 강의를 위해
사형이 집행된 시체를 제공할 정도였지요.

그렇게 열심히 해부를 계속하던 베살리우스는 심각한 문제를 발견했습니다.

그것은 인체의 탐험을 계속한다면 언젠가는 넘어야 할 산이었습니다.
그리고 베살리우스 이전에는 누구도 그 산의 위엄에 도전하지 않았습니다.

클라우디오스 갈레노스. 로마 시대 의학자로, 르네상스 시대까지 약 1,500년간
유럽 의학의 맹주로 군림하며 지대한 영향을 끼쳤습니다.

갈레노스는 헬레니즘 시대 최고의 지식 전당이었던 알렉산드리아 무세이온에서
의학을 연구하며 골절, 외상 치료, 봉합, 혈관 결박 시술, 종양 절단,
방광 결석 수술 등 수많은 치료법을 개발했습니다.
또 5년 동안 검투사들의 담당 의사로 활동하기도 했습니다.

이후에는 로마 5현제 중 한 사람이자 스토아 철학의 지주였던
마르쿠스 아우렐리우스 황제의 주치의가 되기도 했습니다.

인체의 기능을 소화·호흡·신경 활동 세 부분으로 나누어 체계를 세우기도 한
갈레노스의 의학 지식은 후대의 의사들에게 경전이나 다름없었습니다.

의학 연구 논문이나 서적에서 가장 많이 쓰인 말이 "갈레노스에 따르면",
"갈레노스가 이르길" 같은 인용이었을 정도입니다.

그는 많은 동물을 해부한 경험을 토대로 수많은 의학 이론 저서를 남겼습니다.

하지만 로마에서는 인체 해부가 법적으로 금지돼 있었기 때문에
갈레노스는 정작 사람의 몸을 해부해 보지 못했습니다.

베살리우스가 의문을 가지게 된 이유가 바로 여기에 있었습니다.
그리고 실제로 인체를 해부해서 관찰해 본 결과,
갈레노스의 이론 중 200군데 이상의 오류가 발견됐습니다.

비난과 우려를 무릅쓰고 베살리우스는 새로운 해부학 책을 썼습니다.
2년 동안 밤낮없이 해부에 몰두했고, 세밀한 삽화도 빼놓지 않았습니다.

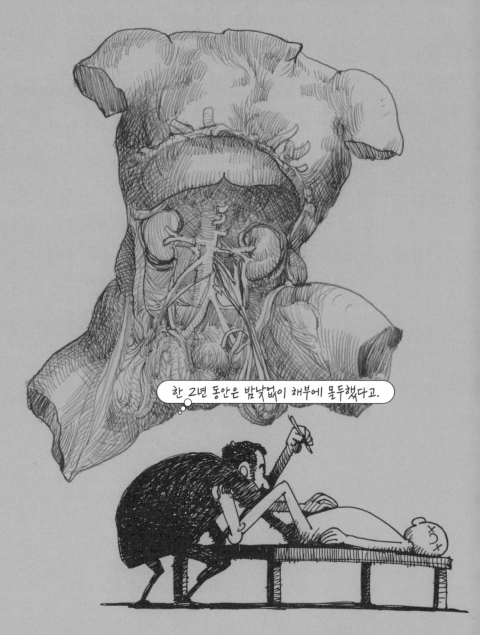

한 2년 동안은 밤낮없이 해부에 몰두했다고.

그 결실이 1543년 스위스의 바젤에서 출간된 《인체의 구조에 관하여》입니다.

사람의 몸속을 샅샅이 훑었지.

권별 내용을 살펴보면, 1권 뼈, 2권 근육, 3권 혈관, 4권 신경,
5권 복부, 6권 흉부, 7권 뇌 등 인체 구조가 총망라되어 있습니다.

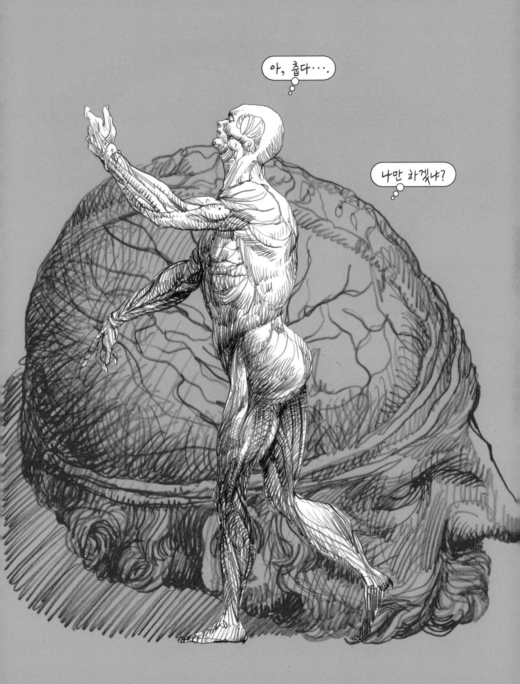

베살리우스는 사람의 몸을 해부한 최초의 의사는 아니었지만
인체 내부를 면밀히 탐구하여 의학 분야에서 르네상스 정신을 실현한
선구자였음은 분명합니다.

02
피는 돌고 돈다

윌리엄 하비

William Harvey (1578~1657)

영국의 의학자이자 생리학자이다. 끊임없는 연구와 실험을 통해 갈레노스의 체액설을 부정하며 정맥혈은 심장으로 들어가고 동맥혈은 심장에서 나온다는 혈액순환의 원리를 발표했다.

베살리우스 이후 서양 의학은

해부학 분야에서 상당한 진전을 보였지만

병을 진단하고 치료하는 의사들은

여전히 갈레노스의 의학 체계를 따르고 있었습니다.

그런 가운데 16세기 말부터 17세기까지

이탈리아의 파도바 대학은 천재적이고 위대한

의학자들이 성과를 내는 실습장이었습니다.

가장 극적인 결실을 맺은 사람은

영국 의사 윌리엄 하비였습니다.

피의 생성과 소멸에 관한 오랜 갈레노스의 지침을

거부하고 혈액순환 이론을 완성한 그의 업적은

근대 생리학 발전에 크게 기여했습니다.

우리 몸속의 피는 돌고 돕니다.

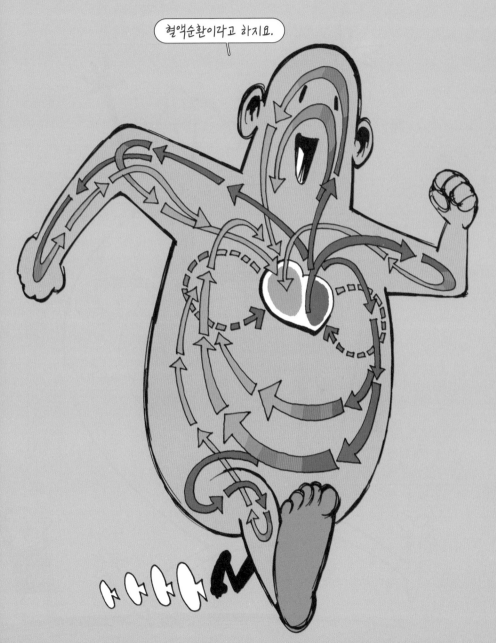

혈관을 따라 온몸을 돌고 돕니다.

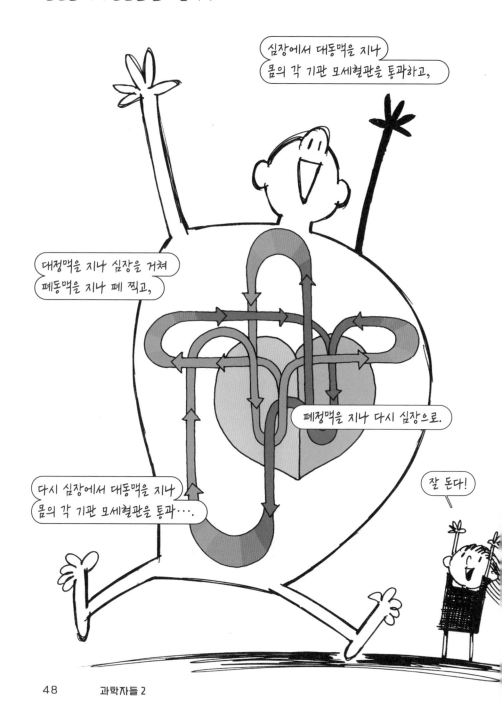

쉬지 않고 피를 돌리는 역할은 심장이 맡고,

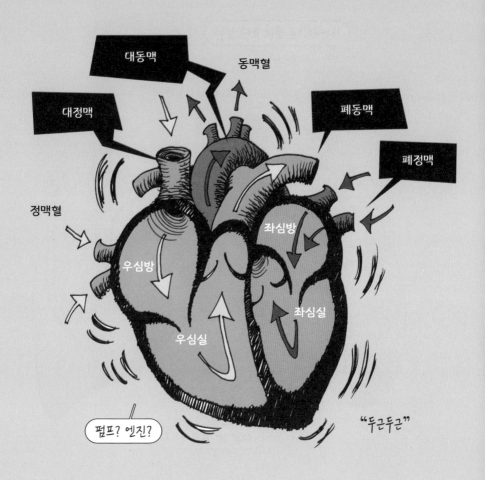

피 속의 이산화탄소를 배출시키고
피에 신선한 산소를 공급하는 일은 폐가 맡습니다.

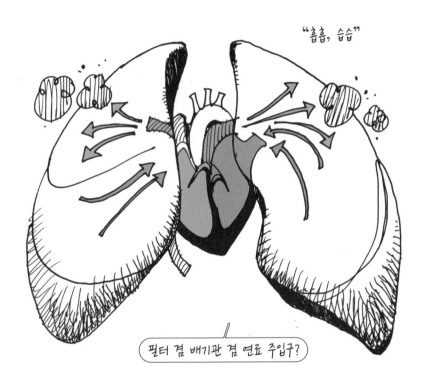

그래서 심장을 통과한 피가 동맥을 지나 여러 기관을 거친 다음 정맥을 거쳐
다시 심장으로 되돌아가는 과정을 대순환 또는 체순환이라고 부릅니다.

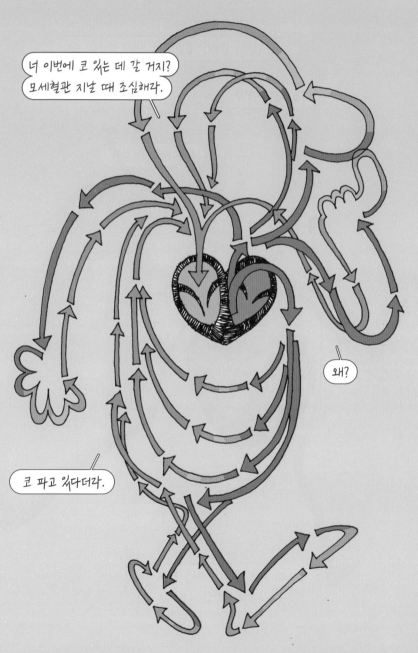

심장에서 폐동맥을 타고 폐에 도달한 정맥혈이 폐에서 동맥혈이 되어
폐정맥을 거쳐 다시 심장으로 돌아가는 과정을 소순환 또는 폐순환이라고 합니다.

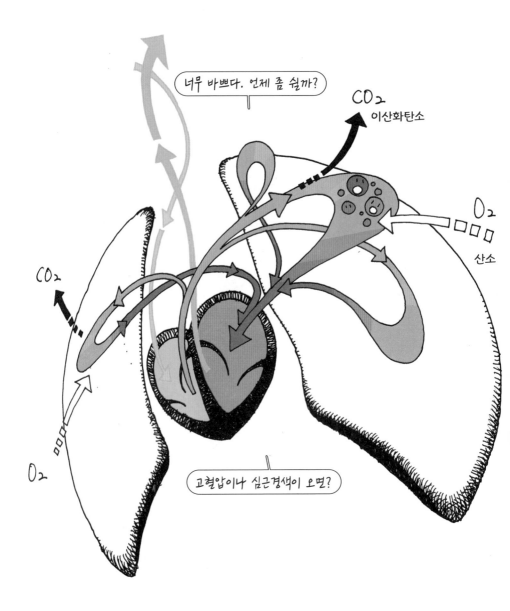

혈액순환에 관한 이 정도의 지식은 웬만해선 다 아는 의학 상식이죠?
그런데 예전에는 의사들조차 그 사실을 몰랐습니다.

불과 400년 전까지만 하더라도 의학계의 정설은 혈액순환과는
전혀 다른 것이었습니다.

17세기에도 의사들은 여전히 갈레노스의 지침을 따르고 있었습니다.

갈레노스는 피가 간에서 만들어진다고 했습니다.

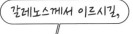

* 유미
소화된 지방이 소장에서 흡수
된 림프액.

* 간문맥
간과 장에 퍼져 있는 정맥.

그리고 자연 정기를 담은 그 피는 정맥을 따라 몸속 기관으로 전달되어
말단에서 소모된다고 했습니다.

그 과정에서 심장 우심실에 전달된 피의 일부가 작은 구멍을 통해
좌심실로 이동하고 그곳에서 생명의 정기를 담은 동맥혈이 되어
각 기관에 활력과 온기를 준다고 했습니다.

베살리우스가 새로운 해부학으로 갈레노스의 인체 지식에 오류가 있음을 밝혔지만, 의사들 대부분은 아랑곳하지 않고 갈레노스의 가르침을 따르는 의술로 연명하고 있었습니다.

그 와중에 이탈리아 파도바 대학에서는 열정적인 교수들이
여러 실험과 해부를 통해 갈레노스의 전통을 허물고 있었습니다.

베살리우스의 후임으로 파도바 대학 외과 교수가 된 레알도 콜롬보는
갈레노스의 주장과 달리, 혈액이 우심실에서 좌심실로 바로 통하지 않고
폐를 거친다고 보았습니다.

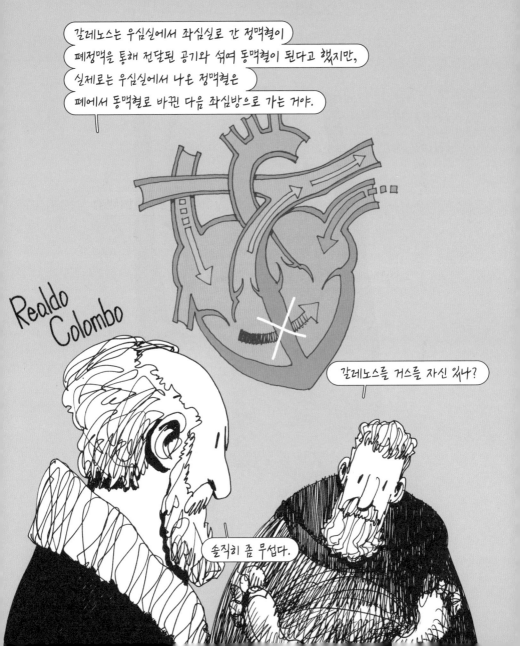

그 후에 피의 흐름에 관한 또 다른 발견을 내놓은 사람도
파도바 대학 외과 교수였습니다. 히에로니무스 파브리치우스,
그가 발견한 것은 정맥 속의 판막이었습니다.

하지만 갈레노스 이론을 완전히 부정하기 어려웠던 탓인지,
그는 판막의 기능이 피의 역류를 방지하는 것이라 확정하지 않고
단지 혈류의 속도와 양을 조절하는 것이라고 여겼습니다.

그 무렵 1602년에 파브리치우스의 해부 연구팀에
청운의 꿈을 안고 영국에서 유학 온 윌리엄 하비가 합류했습니다.

영국에서 왔습니다.

촌놈이네?

촌놈이 머리는 좋은 법이죠.

하비는 물고기, 개구리, 뱀, 개 등 동물 생체 해부에 적극적이었습니다.

하비는 콜롬보와 파브리치우스가 발견한 사실을 바탕으로
대담하게 혈액순환에 대한 확신을 키웠습니다.

그리고 갈레노스 체계를 뒤엎을 만한 이론을 증명하기 위해 실험을 했습니다.
그중에는 자신의 팔을 묶어서 혈관의 변화를 관찰하는 **결찰사*** 실험도 했습니다.

* 결찰사
채혈할 때 팔 위쪽에 묶는 끈.

끈으로 강하게 묶어 동맥을 조였을 때와
끈을 조금 느슨하게 묶어 정맥을 막았을 때,

어떻게 되는지 보자고요.

어떻게 되긴, 팔 저리지.

정맥을 조였을 때 심장에서 먼 쪽 혈관이 부풀어 오르며 충혈이 생기고 가까운 쪽에서 피가 빠지는 반면, 동맥을 조였을 때는 반대 현상이 나타나는 것을 통해 정맥혈은 심장으로 들어가고 동맥혈은 심장에서 나온다는 사실을 확인했습니다.

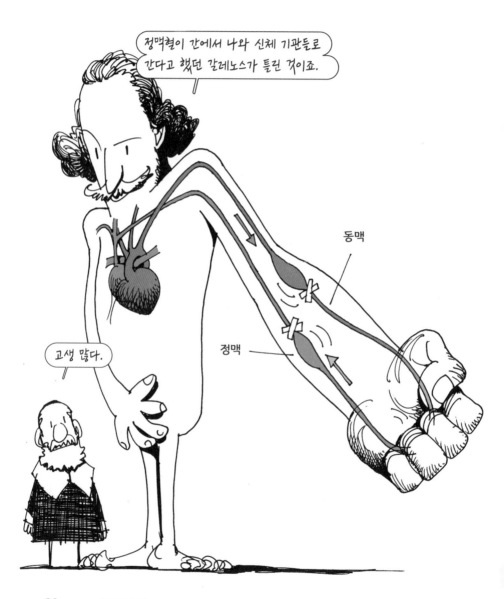

그리고 하비는 간에서 피가 만들어지고 소모된다는 갈레노스의 이론이
틀렸다는 것도 자신만의 논리적인 방법으로 증명했습니다.

맥박이 뛸 때마다 심장에서 방출되는 피의 양에 사람의 평균 맥박수를
곱하는 방식으로 계산해 보았더니 그 양이 무려 시간당 245kg이었습니다.
갈레노스의 이론대로라면 그만큼의 피가 계속 생성될 수 있도록
같은 양의 음식물을 섭취한다는 건 도저히 불가능했습니다.

하비는 1628년 혈액순환 이론을 자신 있게 수록한 책
《동물의 심장과 피의 운동에 관한 해부학적 연구》를 발표했습니다.

물론 발표 당시에는 의학계가 반발했고,
의사들은 그의 새 이론을 비난하거나 무시했습니다.

하비는 다시 영국으로 돌아가 국왕 제임스 1세와 찰스 1세의
주치의를 지내기도 했습니다.

그가 제시했던 혈액순환 모델은 채 완성되지 못한 부분이 있었습니다.
심장에서 각 신체 기관으로 퍼진 동맥혈이 말단에서 어떻게
정맥혈이 되어 심장으로 돌아오느냐는 것이었습니다.

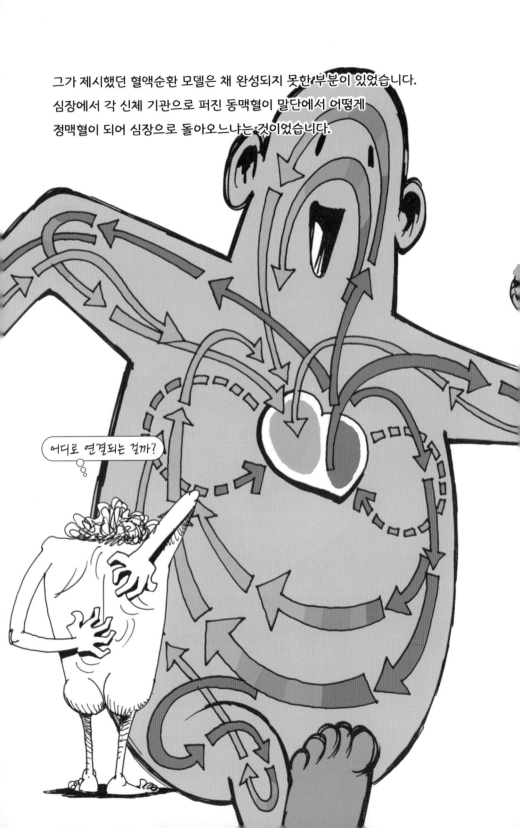

그 문제를 해결하려면 육안으로는 찾기 힘든 모세혈관의 존재를 밝혀야 했는데,
그 일은 나중에 마르첼로 말피기가 현미경으로 관찰해 증명해 냈습니다.

하비는 전통에 안주하기보다 비교 해부를 통한 실증 사례를 수집했습니다.

그리고 근대 과학의 방법인 실험을 통해 자신의 확신을 증명했습니다.

결국 그는 혈액순환을 정리한 위대한 의학자로 의학사에 이름을 남겼습니다.

03

자신감 회복
프로젝트

르네 데카르트

René Descartes (1596~1650)

프랑스의 철학자이자 물리학자이며 수학자이기도 하다. 다양한 이론의 모태가 될 학문의 첫째 원리를 찾고자 했다. '근대 철학의 아버지'라고 불리며, 해석기하학을 창시했다.

"나는 생각한다. 고로 나는 존재한다."
철학사에서 가장 유명한 이 한마디는
과학의 역사에서도 중요한 의미를 갖습니다.
이 말을 남긴 데카르트가
세계의 작동 원리를 이해하고 탐구하는 자연철학이
과학이라는 이름으로 근대사를 향해 나아갈 수 있는
발판을 마련해 주었기 때문입니다.

요즘엔 모두가 과학과 철학은 별개의 분야라고 여깁니다.

뜬구름 잡는 철학자들이랑 우린 엄연히 다르지.

뜬구름 잡고 구성 물질이 뭔지, 얼마나 빨리, 어느 방향으로 흘러갈지 궁금해 하는 게 누군데?

하지만 예전에는 과학과 철학의 구분이 없었습니다. 과학은 별도의 학문이 아닌 자연철학의 형태로, 철학이라는 포괄적인 지식 체계 안에 포함되어 있었습니다.

의학이나 천문학 등 특정 분야에 주로 매달린 학자들도 있었지만
어디까지나 자연철학이라는 큰 범위 안에서 이루어진 연구였습니다.

17세기 철학자 데카르트의 "나는 생각한다. 고로 나는 존재한다"라는 말은
과학적으로도 중요한 의미를 가집니다. 인간은 이성을 통해 능히
자연의 이치를 깨우칠 수 있는 존재라는 뜻이죠.

철학적으로는 무슨 뜻인데?

간단히 말하자면, 주체의 자격을 획득한
인간의 사유가 신으로부터 독립된
이성적 존재를 확증한다는 거죠.

뭐라고?

나아가 연장적 실체인 모든 것이
이성의 분석 대상으로 놓인다는 의미로 확장됩니다.

일부러 어렵게 말하는 거지?

COGITO ERGO SUM

결국 인간은 세계를 분석하고 판단하는 학문,
즉 과학이란 걸 할 만한 자격을 갖췄다는 겁니다.

당시 자연철학에는 무엇보다 자신감이 필요했습니다. 왜일까요?
지식 사회에 몰아닥친 회의주의 때문이었습니다.

지성에 대해 비관적인 회의주의는 왜 생겨났을까요?
돌아봅시다. 과학의 역사로 볼 때 그 무렵이 어떤 시기였죠?

코페르니쿠스, 케플러, 갈릴레이 등.

과학 혁명가들의 시대였지.

격동의 세월이었군!

새로운 발견과 다양하게 경험한 지식이 줄지어 발표되었고
그로 인한 논쟁이 끊이질 않았습니다.

여러 주장이 난무했지만 어느 것 하나 명백한 증거로
모두를 설득하기에는 역부족이었습니다.

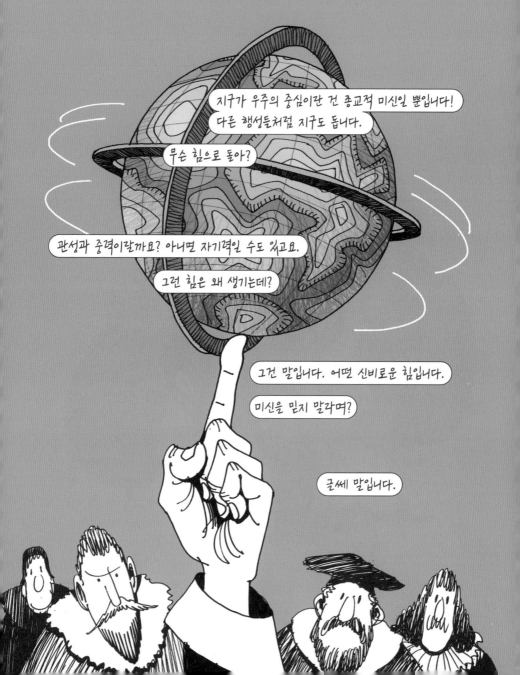

그 와중에 기존의 지식을 고수하려는 쪽이나 신지식을 옹호하는 쪽이나
공통으로 느낀 것은 2,000년 이상 믿어온 세계관이 허물어지는 것에 대한
상실감이었을 겁니다.

그리고 인간의 지적 능력에 대한 근본적인 의구심이 생겼습니다.

널리 퍼져가는 회의주의를 극복하기 위해서는 뭐 하나라도
확실하고 명징한 참된 지식이 필요했습니다.

물론 베이컨처럼 다양하게 실험하고 관찰하는 경험들을 쌓아
참된 지식에 도달하자고 제안한 이들도 있었습니다.
하지만 데카르트가 진리를 세우기 위해 채택한 방법은 달랐습니다.

베이컨을 비롯한 실험주의자들이 사물과 운동의 원인 같은 근원 지식을
배제했던 것과 달리, 데카르트는 다양한 이론의 모태가 될
학문의 첫째 원리를 찾고자 했습니다.

근본 원리 상상하느라 시간 낭비하지 말고
귀납적으로 눈에 보이는 정보들을 추리자고.

학자들이 폼 좀 잡으려면 말이여.
근본이 바로 서야 되는겨.

뭣 좀 아네.

그렇다고 데카르트가 아리스토텔레스의 세계관을 옹호했던 건 결코 아닙니다.
그는 분명 코페르니쿠스주의자였고 신학이 지배하는 학문의 질서를
깨트리고자 한 신지식인이었습니다.

데카르트는 일단 모든 걸 의심했습니다. 학교에서 배운 것도,
책에 씌어 있는 지식도, 경험에서 얻는 모든 개별 지식도,
심지어 누구나 인정한 수학의 공리도 의심했습니다.

그는 참된 지식을 얻기 위한 자신의 의심을 '방법적 회의'라 했고,
그렇게 의심에 의심을 거듭한 끝에 한 가지 분명한 걸 찾아냈습니다.

이성의 올바른 사용이 가능하다는 결론에 따라 데카르트는 인간 이성이
세상을 탐구하는 주인공이 될 수 있다는 자신감을 얻었고,
그걸 철학의 제1원리로 정했습니다.

그리고 그 바탕 위에 엄격한 체계와 방법을 다시 세워나갔습니다.

자! 새로 만든 지식 사용법이다.

첫째,
철저히 의심한 끝에 도달한 명징한 사실만을
연구 대상으로 삼는다.

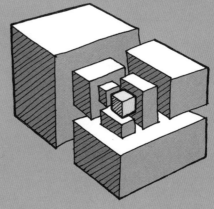

둘째,
발견한 사실 정보를 최대한
여러 조각으로 나눈다.

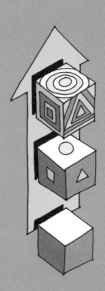

셋째,
순서를 정하고 가장 단순한 것에서부터
복잡한 지식을 향해 올라간다.

만물이 연장적 실체라는 사실에 근거해 데카르트는 물질과 운동에 관한
연구를 했습니다. 이러한 연구 결과는 이후 뉴턴이 관성의 법칙을
세우는 데 단초를 제공했죠.

외부의 영향이 없다면
사물은 움직이거나
정지해 있거나
그 상태를 지속한다.

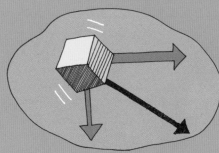

어떤 물체가 다른 물체와
충돌할 때 반드시 한 물체가
운동을 잃은 만큼 다른
물체에 운동이 더해진다.

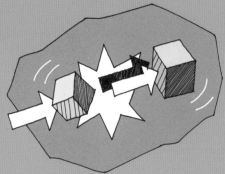

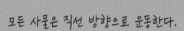
모든 사물은 직선 방향으로 운동한다.

또 행성의 궤도가 유지되는 것은 중심 방향으로 행성에 작용하는 힘과
원심력이 절묘하게 균형을 유지하기 때문이라고 보았습니다.

행성을 미는 힘은 이를테면
빡빡한 공기 입자의 흐름이지요.

우주는 진공 아닌가?

진공? 그게 뭔가요? 아무것도 없다고요?
아닙니다. 우주는 빽빽해요.

인간의 사유가 아닌 모든 외부 세계는 연장적이라는 전제에 따라 진공을
부정했기 때문에, 데카르트가 생각한 태양계와 천체의 형태는 소용돌이라는
개념이었습니다.

관성 이론의 기초를 다지고 물질과 운동에 관한 나름의 체계를 만든 데카르트는
수학 분야에서도 업적을 남겼습니다.

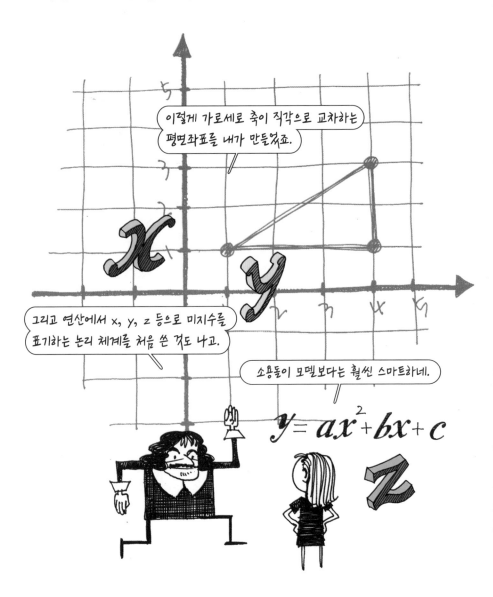

모든 물질을 정량적으로 해석한 그는 동식물과 사람의 신체도
정교한 기계라고 이해했고 그런 기계론은 생물학에도 영향을 끼쳤습니다.

사람의 영혼을 제외한 나머지는 죄다 기계라고요.

이분법적이네?

제가 원래 모 아니면 도라서.

데카르트의 기계론은 인간이 자연을 개척하고 활용하는 방법을 제시했을 뿐
아니라 이성에 의한 합리적 사고를 내세우는 근대 정신의 바탕이 되었습니다.

이 모든 게 내가 생각하는 존재이기 때문입니다.

비록 진공이나 힘의 원리 등에 관한 철저한 실험과 검증이 없었고
이성의 역할을 지나치게 앞세우는 독단론으로 나아간 면이 있기는 합니다.

하지만 명징한 진리 체계를 만들고자 했던 데카르트의 생각과 방법론은
자연철학의 자신감을 회복시켜 근대 과학을 성립하는 데 초석이 되었습니다.

04

기체는 진공 속에서 뛰어논다

로버트 보일

Robert Boyle (1627~1691)

아일랜드의 화학자이자 물리학자이며 자연철학자. 당시 런던의 지식인들과 교류하며 다양한 실험을 통해 근대 화학의 초석을 다졌다. 공기의 부피는 그 압력에 반비례한다는 보일의 법칙을 발표했다.

기체의 부피와 압력의 관계를 규명한 업적으로

유명한 로버트 보일은

평생 자연 현상에 관한 연구에 전념했고

40권이 넘는 방대한 저술을 남겼습니다.

그가 다른 일을 돌아보지 않고

실험과 연구에 매진할 수 있었던 것은

아버지로부터 물려받은 넉넉한 재산 덕분이었습니다.

풍선이나 튜브를 눌렀을 때 수축했다가 다시 팽팽해지는 것은
공기 입자들이 빈 공간에서 운동하기 때문이죠.

우리가 일상적으로 쓰는 용어인 기압은 지구를 둘러싼 공기인 대기가
단위 면적당 가하는 힘을 말합니다. 이 힘은 공기의 무게에 따라 달라지죠.
대기가 무거울수록 기압이 높아집니다.

그런데 공기 현상을 이런 식으로 이해하려면 한 가지 전제가 필요한데
바로 아무것도 없는 빈 공간, 즉 진공이라는 상태입니다.

서양의 자연철학에서는 오랫동안 진공을 부정하는 것이 주류 의견이었고
일반적인 상식도 그러했습니다.

앞서 천문이나 역학 분야에서 기존의 논리와 새로운 지식이 충돌했듯이,
17세기에 이르러 자연철학자들은 진공을 놓고 옥신각신했습니다.

한쪽에서는 우주는 빈틈없이 어떤 물질로 가득 채워진 상태라 생각했고,
다른 한쪽에서는 입자들이 무의 공간에서 부유하고 있다고 생각했습니다.

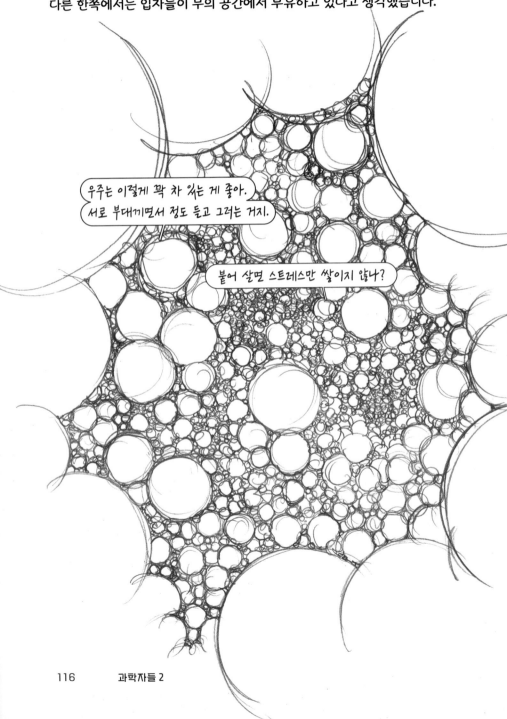

우주는 이렇게 꽉 차 있는 게 좋아.
서로 부대끼면서 정도 들고 그러는 거지.

붙어 살면 스트레스만 쌓이지 않나?

데카르트는 근대 과학의 체계를 설계했음에도
진공에 관한 한 부정적인 입장이었고, 그 견해에 동조한 이들은
우주의 모든 운동은 물질들이 접촉한 상태에서 진행된다고 믿었습니다.

하지만 일군의 자연철학자들은 고대의 원자론을 떠올리며
진공을 받아들이는 분위기였습니다.

처음에는 어느 쪽도 확실한 증거를 내놓지 못하고 가설과 논증으로 맞섰지만
공기의 정체를 밝히는 데 적극적이었던 쪽은 진공 옹호론자들이었습니다.

진공 옹호론자들은 자신들의 주장을 증명하기 위해
진공 상태를 만드는 실험을 했습니다.

갈릴레이 연구실의 제자였던 빈첸초 비비아니와 에반젤리스타 토리첼리는
스승이 생전에 관심을 가졌던 진공에 관한 실험을 수행했습니다.

토리첼리와 비비아니는 약 1m 길이의 유리관과 그릇,
그리고 수은을 가지고 실험했습니다.

입구를 막은 상태로 시험관을 거꾸로 세우고,
이 상태에서 입구를 열어보자고.

그 결과로 만들어진 수은 기둥 76cm 높이가 그릇의 수은을
누르는 대기압이라는 사실, 또 관 속에 생긴 공간은 공기가 없는
진공 상태라고 주장했습니다.

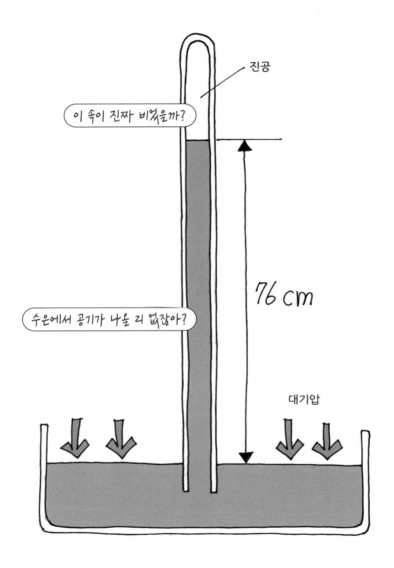

인위적으로 만든 최초의 진공으로 기록된 그 실험 결과를
사람들은 '토리첼리의 진공'이라고 불렀습니다.

한편, 토리첼리 팀의 실험은 프랑스에 있던 블레즈 파스칼을 고무시켰습니다.

파스칼은 높은 곳과 낮은 곳에서는 각각 공기의 무게도 다르고
기압 차이도 있을 거라는 생각을 실험으로 증명하고 싶었습니다.

높은 곳에는 여기보다 공기가 더 많을까,
적을까? 궁금하지 않나?

궁금해요.

그럼 연장 챙겨서 높은 데 올라가 재봐.

형님은요?

난 몸이 안 좋으니 여기서 혈압이나 재볼래.

파스칼은 높은 산에 올라 기압을 재는 일을 처남에게 맡겼는데
예상대로 기압차가 발생했습니다.

진공과 공기압에 관한 가장 극적인 실험은 1654년 프로이센에서 이뤄졌습니다. 기상천외한 방법으로 실험을 행한 주인공은 독일 마그데부르크의 시장이었던 오토 폰 게리케였습니다.

04 로버트 보일

게리케는 구리로 반구 두 개를 만들어서 빈틈없이 서로 마주 붙인 다음,
특수 제작한 펌프로 그 안에 든 공기를 빼냈습니다.

과학자들 2

그리고 용기 바깥에서 작용하는 대기 압력이 얼마나 센지 알아보기 위해
양쪽에서 말이 끌도록 했는데 맞붙은 반구는 꿈쩍도 하지 않았습니다.

완벽한 진공 상태가 아니었을 텐데도 양쪽에 말 여덟 마리씩을
동원하고서야 겨우 뗄 수 있었습니다.
게리케는 자신의 성공적인 실험 내용을 1657년에 책으로 출간했습니다.

그 무렵 런던에서는 귀족 가문 출신의 한 남자가 상황을 예의 주시 하고 있었는데,
그의 이름은 로버트 보일이었습니다.

보일은 아일랜드에서 어마어마한 부호였던 코크 백작의 아들로 태어났습니다.
소년 시절부터 유럽 전역을 돌며 견문을 넓힌 그는 갈릴레이 같은
위대한 자연철학자가 되기로 마음먹었습니다.

그래서 아버지가 자신의 몫으로 남긴 돈으로 런던에 전용 연구실을 꾸몄고,
그곳에서 많은 지식인과 교류하며 공동 연구를 진행했습니다.
복합현미경으로 세포를 관찰한 걸로 유명한 로버트 훅도 조수로 일했죠.

보일은 남들보다 탁월한 연구 성과를 내려면 무엇보다
성능 좋은 실험 기구가 필요하다고 생각했습니다.
다행히 그의 곁에는 재주가 뛰어난 훅이 있었습니다.

보일은 훅에게 밀폐된 용기에서 확실하게 공기를 빼낼 수 있는 펌프를 만들어달라고 요청했고, 훅은 유감없이 실력을 발휘했습니다.

지름 40cm가량의 둥근 용기, 공기를 빼내는 피스톤과 실린더 등으로 구성된 그 펌프로 두 사람은 여러 가지 실험을 했습니다.

실험을 통해 연소 과정에서 공기가 역할을 한다는 것과 소리의 전달을 위해서,
그리고 동물이 살기 위해서는 공기가 반드시 필요하다는 것도 입증했습니다.

또 공기를 반쯤 채운 주머니를 넣은 용기에서 공기를 뺐더니
주머니가 부풀어 부피가 커지는 것을 발견했습니다.

온도가 일정할 경우 공기의 압력과 부피가 반비례한다는 것은
오늘날 '보일의 법칙'으로 알려져 있습니다.
하지만 원래는 영국의 리처드 타운리와 헨리 파워가 자신들의
기압 측정 실험에 관해 보일과 의견을 나눈 것이었습니다.

보일은 훅과 함께 대기압에 관한 모든 내용을 검토해
타당하다는 결론을 내렸습니다.
보일은 모든 성과가 훅과 함께한 연구 결과라는 점을 강조했지만,

공기 현상에 관해 처음으로 정리된 그 유명한 법칙의 이름은
결국 '보일의 법칙'이라고 불리게 되었습니다.

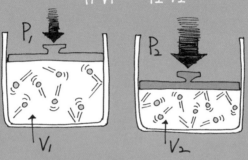

베이컨주의에 입각한 실험 정신과 공동 연구를 표방했던 보일은
지속적으로 많은 철학자와 교류하며 의견을 나누었고,
그들과 함께 1660년 영국 왕립학회를 설립했습니다.

05
재주 많은
월급쟁이 과학자

로버트 훅

Robert Hooke (1635~1703)

영국의 화학자이자 물리학자이며 천문학자. 현미경의 조명 장치를 고안해서 더 자세한 관찰을 가능하게 했고, 빛의 간섭과 분산을 설명하여 파동설을 발달시켰다. '세포'라는 용어를 처음으로 사용했다.

공기의 탄성 연구,

현미경을 통한 세포벽 관찰,

목성의 대적점 발견, 빛의 파동설 제안,

중력의 역제곱 법칙 제안, 탄성체에 관한 법칙 발견,

화석 연구, 왕립학회 회장 역임⋯.

이 모든 것이 로버트 훅 한 사람의 경력입니다.

로버트 훅은 영국의 레오나르도 다빈치라고 불릴 정도로 다재다능했습니다.

아이디어도 출중하고 다양한 실험에도 능했기에
당대의 많은 과학자가 논문을 쓰고 학위를 얻는 데 도움을 주었지만,
정작 그가 가진 창의력과 열정은 항상 생계와 직결되어 있었습니다.

훅이 로버트 보일의 연구소 조수일 때도, 왕립학회의 실험 책임자를 맡을 때도,
그레셤 대학의 교수가 될 때도 가장 중요한 것은 고정적인 수입이었습니다.

제가 젤로 싫어하는 말이 뭔지 알아요?

뭔데?

재능 기부.

그런 사정은 어린 시절부터 시작되었습니다. 넉넉지 못한 가정에서 태어난 훅은 몸도 허약해서 장래에 관한 원대한 꿈을 가질 형편이 아니었습니다.

하지만 남다른 창의력과 비범한 손재주는 타고났었나 봅니다.
오래된 시계를 분해하고 작동 원리를 유심히 관찰한 다음
나무로 작동하는 시계를 만들 정도였으니까요.

야! 솜씨 좋네. 너 밥 굶을 걱정은 안 하겠다.

들어본 칭찬 중에 최고로 반가운 소리네요!

한때는 그림 그리는 사람이 될 결심도 했죠. 화가들의 그림을 곧잘 베꼈기에
막연히 그림으로 먹고살 수 있을 거라 생각했나 봅니다.

그래서 열세 살 무렵 아버지한테 유산으로 물려받은 50파운드를 들고
화가 밑에서 도제 생활을 하려고 했지만 이내 생각을 바꿔
웨스트민스터 공립학교에 진학했습니다.

열여덟 살에는 옥스퍼드 대학에 합창단 장학생으로 들어갔지만
학업과 돈 버는 일을 병행했습니다. 의사 연구실 조수를 하고 있던 중,
그의 인생에서 가장 의미 있는 한 사람으로부터 일자리 제안을 받았습니다.

사람 좋고 돈도 많은 로버트 보일이었습니다.
보일은 귀족 출신이며 과학계에 알려진 명망가였지만,
훅을 단순 조수나 피고용인으로 여기지 않고 동료 과학자로 대하며
그의 학식과 능력을 존중했습니다.

훅은 실험 기구 제작에 능하고 이론을 검증하는 능력도 뛰어나서
옥스퍼드 대학뿐 아니라 보일의 연구소에서도 많은 과학자가
그의 조언을 듣고자 찾아왔습니다.

훅은 보일이 주도해서 설립한 왕립학회에서도 중요한 역할을 했습니다.

1662년에는 왕립학회의 초대 실험 책임자가 되었고,
학회 내외에서 보고되는 모든 새로운 발견과 이론은 훅의 검증을 거쳤습니다.

훅은 다른 이들의 연구를 돕는 와중에 망원경으로 목성 표면의 대적점을 관찰해
목성이 회전하는 증거를 제시하는 등 자신의 독자적인 연구도 진행했죠.
조금 지난 시기에 프랑스의 천문학자 조반니 도메니코 카시니도
목성의 대적점을 관찰했습니다.

1665년은 훅에게 뜻깊은 해였습니다. 그해에 그레셤 대학의 교수가 되었고 왕립학회의 종신 관리직으로 임명되었습니다. 하지만 무엇보다 의미 있는 일은 자신의 이름을 널리 알릴 책 한 권을 발간한 것입니다.

《마이크로그라피아》는 제목 그대로 미시 세계의 모습을 보여준 책입니다.
우리가 익히 알고 있는 코르크 세포 관찰 내용이 수록된 바로 그 책입니다.

현미경을 처음 발명한 사람은 훅이 아니었지만
그는 당시의 어떤 현미경보다 성능이 뛰어난 복합현미경을 제작했습니다.

그 좋은 현미경으로 벼룩, 나방, 잎, 씨앗 같은 동식물에서
면도날, 눈 결정 등 무생물에 이르기까지 수많은 것을 관찰했을 뿐 아니라
그림 실력도 발휘했습니다.

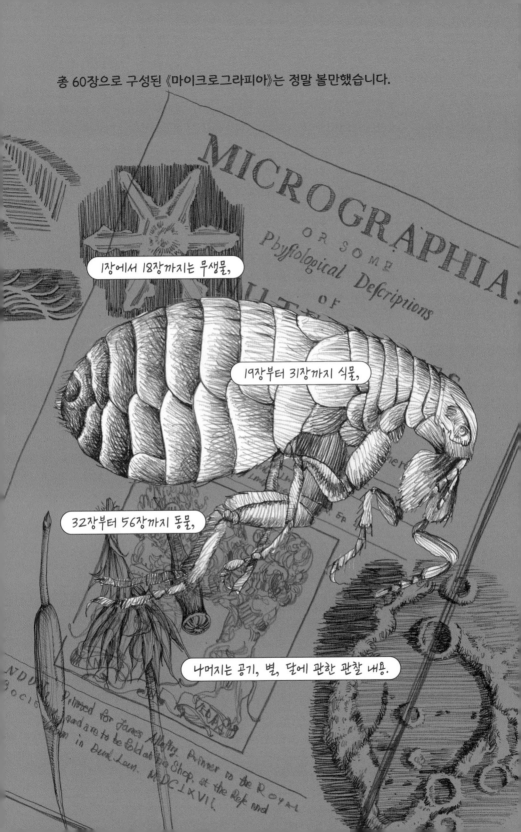

그중 나무껍질인 코르크에서 훅이 관찰한 것은
벌집처럼 다닥다닥 붙어 있는 작은 방들의 군집 형태였습니다.
그는 과감하게 자신이 발견한 것에 '세포(cell)'라는 이름을 붙였습니다.

* **핵**
세포 중심에 있는 핵심 기관
으로 세포 분열에 관여한다.

* **미토콘드리아**
세포의 발전소와 같은 역할을
하는 작은 기관. 세포질 유전
에 관여한다.

《마이크로그라피아》는 자연철학자뿐 아니라 일반 대중 사이에서도
큰 파장을 일으켰습니다.

과학책이 베스트셀러가 되긴 처음입니다!

설명도 라틴어를 안 쓰고 쉬운 영어로 했거든.

사람들이 과학을 우습게 여기지 않을까요?

그렇게 생각하는 당신이 우습다.

현미경으로 관찰한 세계를 담은 《마이크로그라피아》의 눈에 띄는 성공 말고도
훅이 이룩한 성과는 많습니다. 이른바 '훅의 법칙'도 그중 하나입니다.
탄성 한계 내에서 탄성체가 늘어나는 양은 작용하는 힘에 비례하죠.

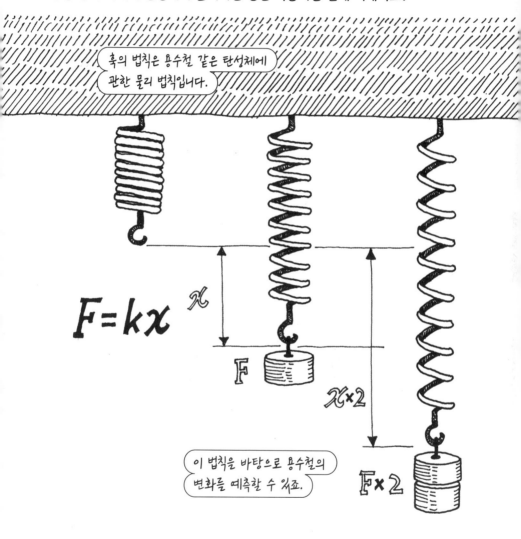

훅의 법칙은 용수철 같은 탄성체에
관한 물리 법칙입니다.

$$F = kx$$

이 법칙을 바탕으로 용수철의
변화를 예측할 수 있죠.

F : 탄성력
k : 용수철 상수(탄성 계수)
x : 용수철의 길이 변화량

그밖에도 훅은 지질학 분야에서 화석에 관해 오늘날의 견해에
매우 근접한 의견을 제시했고,

빛의 성질이나 열에 관한 연구도 했으며, 런던 대지진 후 재건 작업에 책임을 맡아 건축가로서 훌륭한 면모를 보여주기도 했습니다.

그리고 그는 1679년에 뉴턴에게 보낸 편지에서 행성의 궤도에 대해 설명하며,
태양과 행성 간의 인력은 거리의 제곱에 반비례하고,
궤도운동이 나타날 수 있다고 했습니다.

뉴턴처럼 영리한 자라면 자기가
이미 다 생각한 거라고 할 테지만,

그래도 이렇게 잘난 척이라도
해야 맘이 좀 편할 것 같다.

그러나 1684년까지 뉴턴은 훅이 쓴 내용을 주목하지 않았습니다.
그러다 에드먼드 핼리가 훅의 가설에 대한 의견을 구하려고 했을 때
비로소 뉴턴이 수학으로 증명했습니다.

훅은 왕립학회가 명실상부한 과학자들의 연구 기관이 되도록
평생 동안 헌신했습니다. 1703년 그가 죽었을 때 자택에는
8,000파운드라는 적지 않은 돈이 남아 있었습니다.

06

보이는 것이 다가 아니다

안톤 판 레이우엔훅

Anton van Leeuwenhoek (1632~1723)

네덜란드의 현미경학자이자 박물학자이다. 고배율 현미경을 직접 만들어 육안으로 볼 수 없는 미생물의 존재를 밝히며 보이지 않는 미시 세계를 본격적으로 탐험했다.

단세포생물, 세균, 효모, 사람의 정자 등을
처음으로 관찰한 사람은 대학 연구실이나
왕립학회의 과학자가 아니었습니다.
17세기에 가장 성능 좋은 고배율현미경을 들고
미시 세계의 깊은 곳까지 발을 들여놓은 사람은
네덜란드의 한 포목점 주인이었습니다.

사람들이 현미경을 만들어 사용하기 시작한 때에도
미시 세계에는 본 것보다 보지 못한 것들이 훨씬 더 많았습니다.

먼리 보는 것보다
가까이 보는 게 더 만만치 않을걸?

로버트 훅이 코르크의 죽은 식물세포를 발견하고 '셀'이라는 이름도 붙였지만 그가 본 것은 빙산의 일각에 불과했습니다.

미시 세계의 수많은 생명체는 여전히 인간의 눈길이 닿지 않는
은밀한 곳에 비밀을 간직하고 있었습니다.

그때까지 복합현미경의 배율에도 한계가 있었고 미생물들이 발견될 만한 곳은
당시 과학자들의 시선을 벗어나 있었습니다.

미생물들의 은신처를 가리고 있던 베일이 걷힌 것은 저명한 과학자의
체계적인 연구가 아닌 엉뚱한 이의 호기심 때문이었습니다.

이게 뭐지?

복병이 나타났습니다!

웬 호들갑이야?

이제 다 까발려지게 생겼다고요!

레이우엔훅은 네덜란드의 델프트에서 영세한 상인의 아들로 태어났습니다.
집안 형편이나 주변 환경으로 볼 때 그에게 학문이나 과학 연구는 사치였습니다.

일찌감치 기술과 장사를 익혀 젊은 나이에 포목점을 차린
레이우엔훅은 사업이 잘되어 돈도 좀 벌었습니다.

대학 안 가길 잘했지?

그래도 돈보다 명예라던데?

누가?

대학생들이.

모지리들.

여유가 생기면 으레 그렇듯 좀 살 만해지자 취미를 갖기 시작했는데,

그가 선택한 취미는 남달랐습니다.

코르크에서 세포벽을 관찰한 훅의 베스트셀러 《마이크로그라피아》에
감명을 받았는지 레이우엔훅은 현미경 관찰을 즐겼습니다.

과학을 취미로 삼은 셈이죠.

레이우엔훅의 현미경 관찰은 의무감 없는 취미였기에
과학자들의 그것과 달랐습니다. 무엇보다 렌즈 앞에 놓는 대상부터 달랐습니다.

과학자라면 미지의 생명체를 발견하기 위해 동식물 같은 생명체나
적어도 그런 것들이 있을 법한 장소에 주목했을 테지만,

레이우엔훅은 도무지 아무것도 없을 것 같은 빗방울이나 연못의 물,
더러운 똥 같은 것에 호기심을 갖고 현미경을 들이댔습니다.

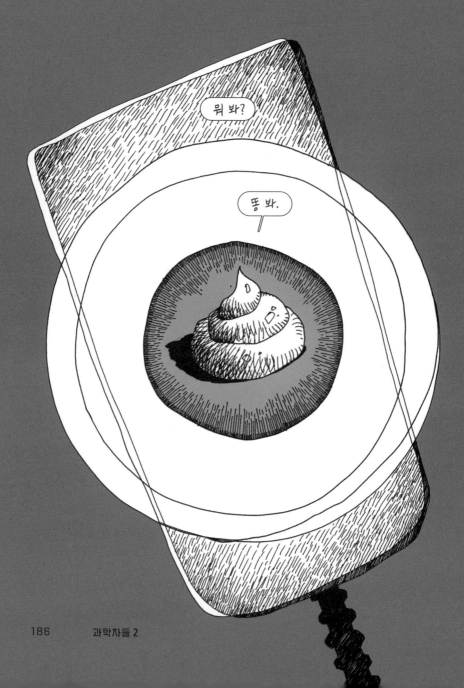

그랬더니 눈앞에 별천지가 펼쳐졌습니다.

뭐 좀 볼 거 있나?

헉! 굉장해!

너무 많아서 뭐부터 봐야 할지 모르겠다.

꿈틀거리는 수많은 것, 그때까지 어느 과학자에게도 모습을 드러내지 않았던
미생물의 세계가 아마추어의 렌즈 앞에 속절없이 나타나고 말았던 겁니다.

1674년 최초로 **원생생물***인 녹조류와 해캄을 보았고 효모, 세균 등을
줄줄이 발견했습니다.

원생생물
단세포생물을 통틀어 이르는 말. 하
나의 진정 핵과 염색체, 단세포 생식
구조가 있다.

취미로 본 것이긴 하지만
'극미동물(animalcule)'이라고
이름도 붙였어.

과학자도 아닌데 함부로 이름 지어도 되나?

레이우엔훅이 미생물을 잘 볼 수 있었던 또 다른 이유는
특별한 현미경 덕이었습니다. 그는 당시에 과학자들이 주로 쓴
복합현미경이 아닌 단일렌즈로 만든 것을 사용했습니다.

왕성한 호기심은 급기야 사람의 정액에까지 렌즈를 들이대게 만들었습니다.

눈에 들어온 것은 작은 머리에 꼬리가 달린 수천 마리의 정자가
헤엄치는 광경이었습니다.

장난 아닌데?!

누가 우릴 보는데?

부끄러움을 모르는
우리 아버지께서 보고 계신다.

레이우엔훅이 취미로 발견한 결과물은 결코 범상치 않은 과학적 성과였지만
그는 논문이나 책을 발표하지 않았고 단지 왕립학회에 편지만을 보냈습니다.

왕립학회의 근엄한 자연철학자들은 네덜란드 장사꾼의 편지를 무시했습니다.

하지만 그의 관찰에 담긴 과학사적 의미를 알아차린 사람은 역시나
《마이크로그라피아》의 저자이자 발군의 실력파였던 훅이었습니다.

훅은 레이우엔훅의 발견을 실험과 재관찰을 통해 사실로 증명했고
그 덕에 레이우엔훅은 최초의 미생물 발견자로 과학사에 이름을
남길 수 있었습니다.

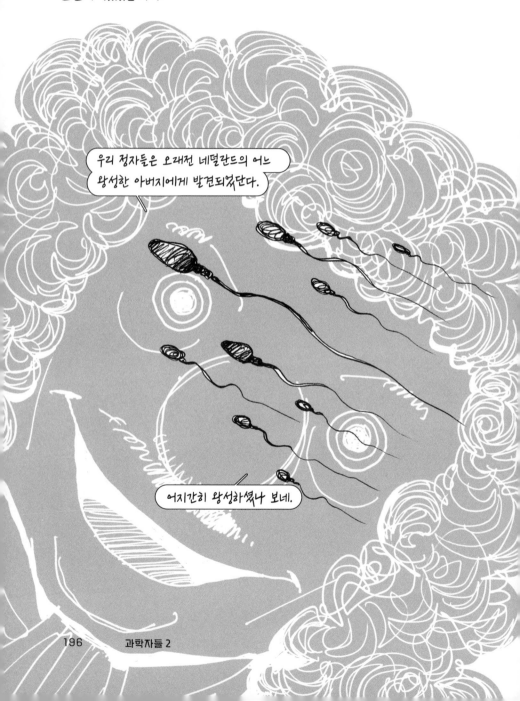

1680년 레이우엔훅은 드디어 왕립학회 회원 자격을 얻었습니다.

이후로도 렌즈를 만들고 들여다보는 그의 취미는 평생 계속되었지만
자신이 사용했던 고배율현미경의 제작 기술과 사용법은
끝내 공개하지 않았습니다.

그의 연구는 매우 작은 것이지만
그 영광은 결코 작지 않다.

07

세 가지 운동 법칙

아이작 뉴턴 1

Isaac Newton (1642~1727)

영국의 물리학자이자 수학자이며 천문학자이다. 고전역학의 이론을
확립했다. 중력의 개념을 정립하고 미적분의 계산법을 발견했으며,
빛의 성질을 탐구했다.

자유낙하와 관성에 관한 사고실험으로

근대 과학에 중요한 힌트를 제공한

갈릴레이가 세상을 뜨자,

바로 그해에 영국에서 또 한 명의

위대한 인물이 태어났습니다.

그가 바로 아이작 뉴턴입니다.

뉴턴은 운동의 세 가지 법칙을 밝혔습니다.

역학은 물체의 힘과 운동에 관한 법칙을 탐구하는 물리학의 한 분야입니다.

17세기부터 오늘날까지 과학 세계에서 운동 법칙의 이정표가 된 고전역학은
아이작 뉴턴에 의해 확립되었습니다.

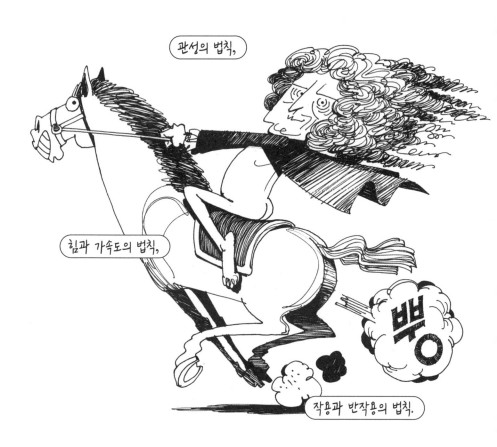

고전역학을 이해하기 위해 뉴턴이 사용한 방정식의 유도 과정을
모두 알아야 할 필요는 없습니다.
하지만 몇 가지 개념은 이해하는 과정이 꽤 흥미롭습니다.

먼저 문제를 내볼게요!

정지해 있는 물체와 일정한 속도로 운동하는 물체의 공통점은 뭘까요?

나 지금 시속 200km로 등속 직진하는 KTX에 타고 있어. 넌 뭐 해?

아직 출발 안 하고 가만히 앉아 있어.

그럼 우리 둘의 공통점은 뭘까?

그런 게 있을 리 없지!

정답은 둘 다 가속도가 '0'이라는 겁니다.
즉, 물리적으로 느끼기에 차이가 없는 상태라는 거죠.

속도는 우리가 일상에서 말하는 속력과는 좀 다른 개념입니다.

물리학에서 속도(velocity)는 물체의 운동 방향도 포함합니다.

그래서 속도는 음의 값으로 표현할 수도 있습니다.

마이너스로 표시되는 속도를 내기 위해서는 어떻게 하면 될까요?

또 움직이는 물체는 운동 중에 속도가 변하기도 합니다.
가속도는 속도의 변화율을 나타냅니다.

속도가 변하는 것은 가속도가 생긴 겁니다.

부앙!!!

속력값이 줄어드는 감속도 가속도가 생긴 거죠.

끼익!!!

그리하여 가속도를 구하는 방정식이 탄생하는 거죠.

가속도는 속도의 변화율.

속도는 위치의 변화율.

$$a = \frac{v의\ 변화}{t}$$

a : 가속도
v : 속도
t : 시간

가속도를 속도계로 설명해 볼게요.

일직선상에 눈금이 표시된 속도계가 있다고 칩시다.

이때 속도계 바늘의 속도가 바로 가속도인 셈이죠.

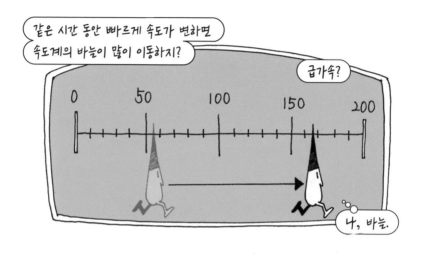

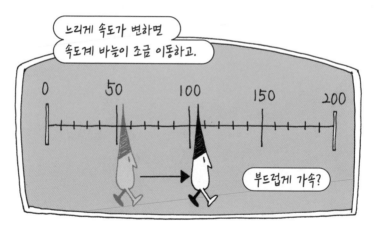

그래서 일정한 속도를 유지하면 바늘은?

정지한 상태, 즉 속도계의 가속도가 0인 겁니다.

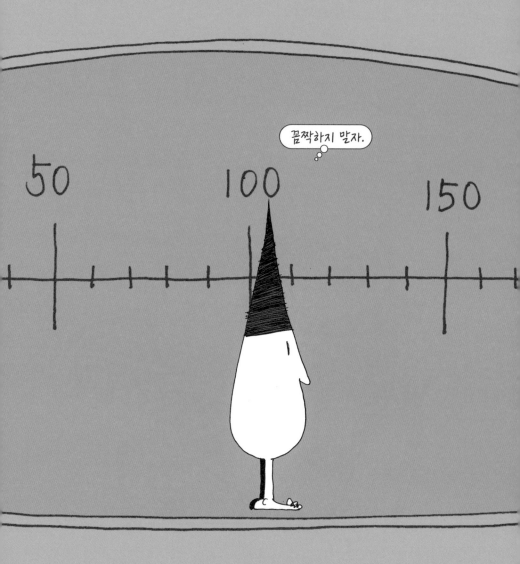

자동차의 가속페달을 밟아 속도가 증가하고
브레이크를 밟아 속도가 감소하는 것처럼 가속도는 외부의 힘에 의해 생깁니다.

동일한 질량일 경우 더 큰 힘을 가할수록 가속도는 그 힘에 비례해서 커집니다.

그리고 물체의 질량이 클수록 가속도에 대한 저항이 큽니다.
따라서 힘이 같을 경우 질량과 가속도의 관계는 반비례합니다.

이 내용을 방정식으로 나타낸 것이 바로 뉴턴의 운동 제2법칙입니다.

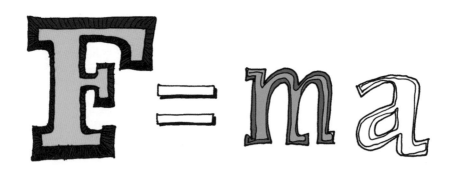

F: 힘
m: 질량
a: 가속도

비례상수를 1로 보았을 때,
그리고 여기서 힘은 물체에 가해지는 힘의 총합인 알짜 힘.

그럼, 물체에 가해지는 힘이 0인 상태는 어떤 경우일까요?

가속가 0인 상태?

그렇지.

속도 변화가 없는 상태?

옳거니!

일정한 속도로 운동하고 있는 상태?

그리고?

정지 상태!

빙고!!

이제 등속 구간을 달리는 KTX와
정지해 있는 KTX의 공통점을 알겠지?

그런데 모든 물체의 운동에는 가속도가 0인 상태를
유지하려는 성질이 있습니다. 이 성질을 일컬어 관성이라고 하죠.

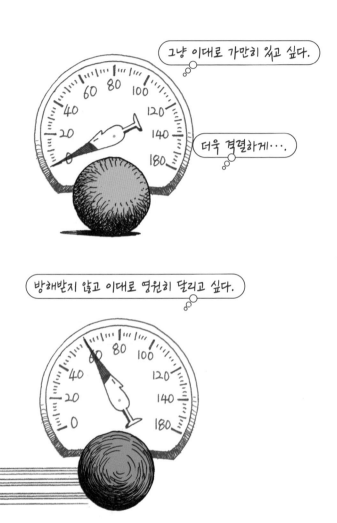

뉴턴의 운동 제1법칙인 관성의 법칙은 뉴턴이 정리하기 전에
갈릴레이가 사고실험을 통해 입증한 것이었습니다.

공은 빗면에서 내려가기 시작한 지점의
높이만큼 다시 굴러 올라가지.

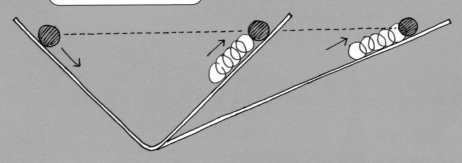

한쪽 빗면을 수평으로 바꾸면 공은?

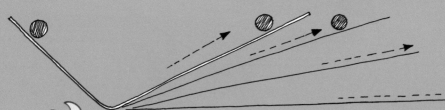

영원히 직선으로 굴러갈 거라는···.

마찰력은 무시한 사고실험이었지···.

이번에는 가속도가 일정한 운동 상태를 알아볼까요?

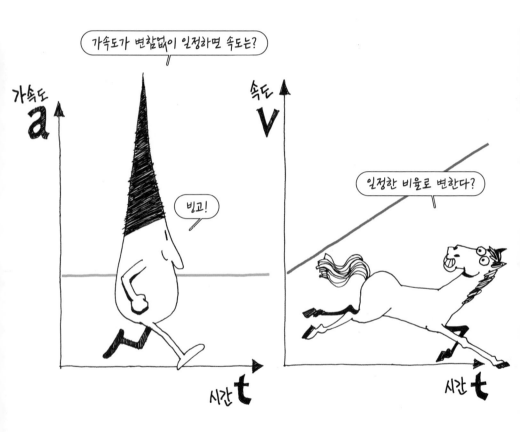

가속도가 일정하게 유지되는 등가속도운동의 예가 낙하운동입니다.

낙하운동을 하는 물체에 가해지는 힘은 중력입니다.
갈릴레이는 공기저항을 무시한다면 모든 물체가 낙하할 때
동일한 가속도를 가진다는 사실을 알았습니다.

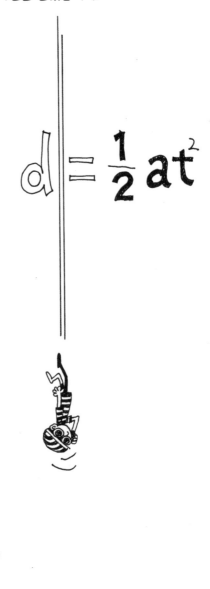

$$d = \frac{1}{2}at^2$$

갈릴레이는 알았대.

이때 가속도는 중력가속도인 9.8m/s²라는 것이 이후에 밝혀졌습니다.
낙하운동에서 뉴턴의 운동 제2법칙은 F=mg로 쓸 수 있습니다.

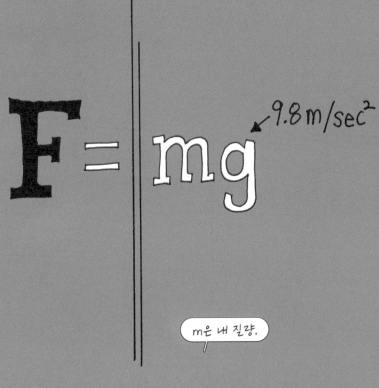

m은 내 질량.

머리 위 수직 방향으로 던져 올려진 물체가 꼭대기 지점에서 순간 정지했을 때 공에 붙는 가속도는 얼마일까요?

0 아닐까요?

아니야. 속도는 일시 정지하더라도 작용하는 중력가속도의 크기는 일정해.

뭔 소리?

지표면과 수직으로 운동하는 물체는 가속도의 크기가 변함이 없습니다.

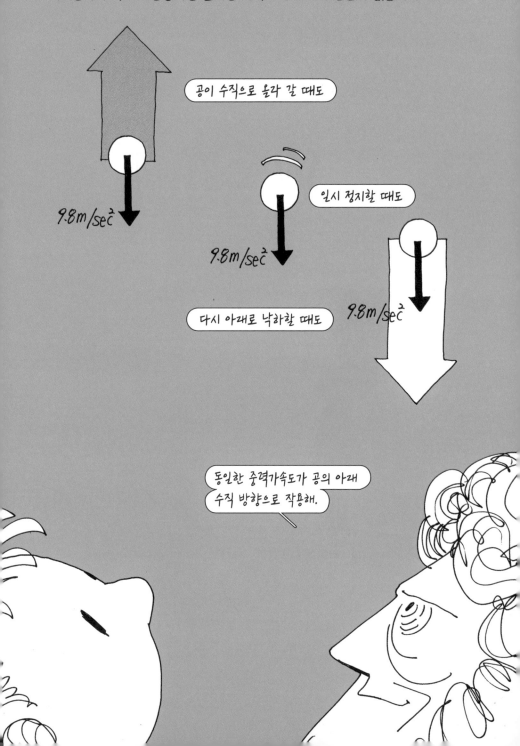

물체가 바닥에 떨어졌을 때도 중력은 작용합니다. 그래서 무게의 단위로
지구가 물체에 작용하는 힘을 나타내는 N(뉴턴)을 사용합니다.

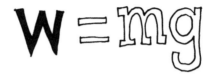

지구가 물체에 작용하는 힘 W=mg.
질량에 중력가속도 9.8m/s²을 곱한 값.

W = mg

그래서 질량이 50kg인
사람의 무게는 490N.

mg

490N

뉴턴의 운동 제3법칙은 작용 반작용의 법칙입니다.

예를 들어, 로켓이 발사되어 날아가게끔 하는 힘도 작용에 대응한
반작용의 힘에 의해서입니다.

로켓을 발사하려면 로켓의 무게보다
큰 힘이 로켓을 밀어 올려야 하지.

반작용으로 그 정도의 힘이 생기게끔
작용하는 힘을 만들면 되겠군.

로켓은 연료를 태우면서 배기가스를 내뿜습니다. 태우는 연료의 양과
방출되는 가스의 속도가 커질수록 반작용으로 발생하는
힘도 커집니다.

07 아이작 뉴턴 1   229

그리고 로켓은 공기 마찰력을 이겨내면서 하늘 위로, 하늘 위로.
더 멀리 우주를 향해….

우주로 날아간 물체는 어떤 힘에 의해 어떤 운동을 할까요?
달은 어떨까요? 지구와 행성들은?
아주 오래전 아리스토텔레스는 지상계의 운동과
천상의 운동은 다르다고 했습니다.

하지만 뉴턴은 자신이 정립한 운동 법칙을 무한한 우주로 확장시켰습니다.

08
우주의 힘

아이작 뉴턴 2
Isaac Newton (1642~1727)

17세기 후반까지 어느 누구도

전체 운동을 가능케 하는 원인에 관해

확답을 내놓지 못했습니다.

그때 뉴턴이 지구상에서 물체가 낙하할 때와

우주의 행성이 공전하는 운동에 작용하는 힘은

동일하며 그 힘의 정체는 중력이라고 규정했습니다.

1665년 스물세 살의 청년 뉴턴은 생각했습니다.

세상의 모든 물체는, 심지어 하늘 위의 달도 계속 낙하하고 있는 거라고.

그는 고전역학의 백미인 만유인력을 그 시절에 발견했다고 회상했지만,
실제로 세상에 발표한 것은 마흔다섯 살이었던 1687년에 이르러서였습니다.

뉴턴이 활동했던 시대에는 실험 과학의 귀재였던 훅을 비롯해
여러 이름난 자연과학자가 왕립학회를 중심으로 활동하고 있었습니다.

이게 다 어쩌면 나중에 올 누구를 위한 레드카펫을 깔고 있는 거라는 느낌적인 느낌이 들지 않니?

그게 누군데?

어쩌면 $9.8 m/s^2$에 kg을 곱한 값의 이름일 것 같은 느낌이랄까?

뉴턴은 숫기도 없고 나대는 성격도 아니었지만 그렇다고 야심이 없진 않았습니다.

그는 성능 좋은 반사망원경을 만들어 국왕 찰스 2세에게 선물했고
그 덕에 왕립학회 회원으로 추천받기도 했습니다.

1672년에는 왕립학회에 제출한 논문 〈빛과 색채에 관한 새 이론〉으로 과학자의 자질을 인정받았고, 당대 과학계의 실력자 훅과 반목하기도 했습니다.

1684년 영국의 천문학자 핼리가 뉴턴을 찾아왔습니다.
최근에 훅이 자신과 동료 과학자 크리스토퍼 렌에게 장담한 가설에 관해
그의 의견을 구하기 위해서였습니다.

훅의 가설은 케플러의 법칙을 따르는 행성 궤도운동에 작용하는 힘에 관한
내용이었습니다. 그런데 핼리를 더 놀라게 한 것은 뉴턴의 반응이었습니다.

핼리는 그 내용을 수학적으로 증명할 수 있느냐고 물었고
뉴턴은 곧바로 수식으로 정리해서 보여줬습니다.

그리고 핼리의 적극적인 권유로 1687년 뉴턴은 모든 운동 법칙에 관한
내용을 담은 책을 냈습니다.

과학사에서 가장 위대한 교범이자 고전역학에 관한 한 경전의 반열에 오른
그 책이 바로 《자연철학의 수학적 원리》, 일명 '프린키피아'입니다.

이제 《프린키피아》의 명실상부한 주인공인 중력에 관해 알아볼까요?

앞서 보았듯이 관성의 법칙을 따르는 모든 물체는
가속도가 0인 등속운동을 합니다.

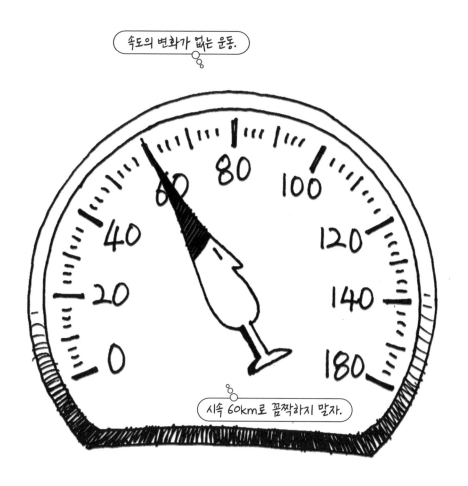

천체는 지상의 물체와 달리 원운동을 한다는 아리스토텔레스의
오랜 지식 체계에 반해 뉴턴은 우주의 운동도 원래는
등속직선운동이라고 했습니다.

그런데 공전하는 달과 행성들은 타원을 그리며 돕니다.
그건 속도가 변한다는 말이지요.

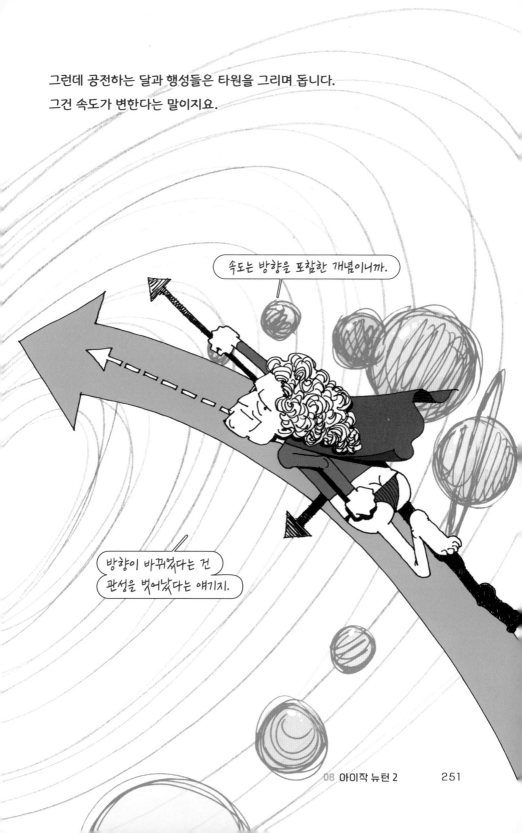

속도는 방향을 포함한 개념이니까.

방향이 바뀌었다는 건
관성을 벗어났다는 얘기지.

관성 상태를 벗어나 가속도가 생기는 경우에 해당한다는 것입니다.
천체 운동은 이 가운데 어느 경우일까요?

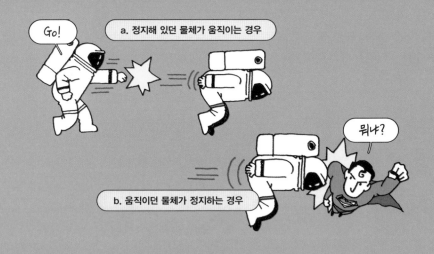

직진으로 달리던 차가 커브를 돌 때 차에 탄 사람은 몸이 한쪽으로
쏠리는 것을 느끼게 됩니다.

어어어어!

이때 가속도를 내는 힘은 물체의 운동 방향에 수직으로 작용하며
회전 중심을 향하는 힘인 구심력입니다.
우리는 그 구심력의 정반대 방향으로 관성력을 느끼게 됩니다.

뭔가가 날 당기는 힘에 저항해서
바깥으로 튕겨 나가는 느낌이야!!!

마찬가지로 달이나 행성들이 가속에 해당하는 회전운동을 하는 건
어떤 힘이 작용하고 있다는 말입니다.

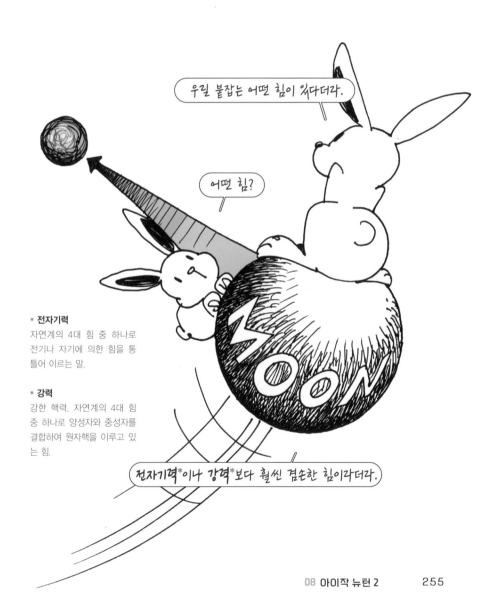

* 전자기력
자연계의 4대 힘 중 하나로
전기나 자기에 의한 힘을 통
틀어 이르는 말.

* 강력
강한 핵력. 자연계의 4대 힘
중 하나로 양성자와 중성자를
결합하여 원자핵을 이루고 있
는 힘.

실로 묶은 공을 돌릴 때 공이 날아가 버리지 않도록 붙잡고 있는 것은
실의 장력이 구심력으로 작용해서 공을 계속 당기기 때문입니다.

달이 우주를 향해 곧장 날아가 버리지 않고 계속 돌고 있는 것도
실의 장력처럼 지구 중심으로 달을 당기는 힘이 있기 때문입니다.

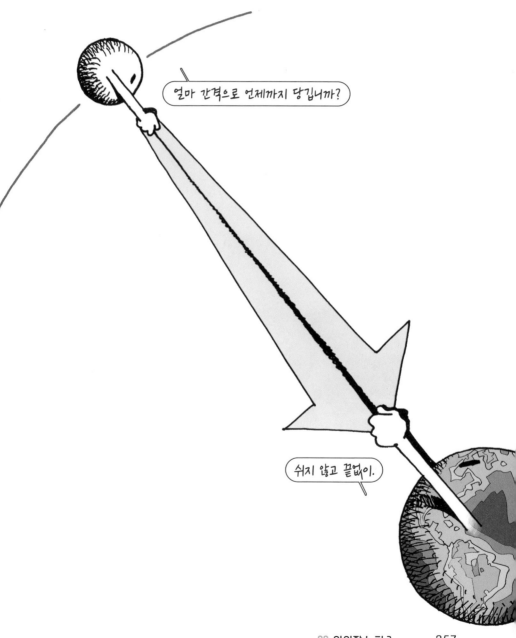

얼마 간격으로 언제까지 당깁니까?

쉬지 않고 끝없이.

그런데 달과 행성의 운동에는 실의 장력처럼 접촉한 힘이 없습니다.
바로 그 때문에 과학자들은 신비의 힘에 관해 섣불리 말하지 못했습니다.

하지만 뉴턴은 그런 걸로 고민하지 않았습니다.

이론물리학자들처럼 수학으로 증명되면 그건 곧 현실이라고 여겼습니다.

뉴턴은 중력에 의한 궤도운동을 설명하기 위해 《프린키피아》에서
포탄을 발사하는 사고실험을 보여줬습니다.

마찬가지로 우주를 향해 정확한 속도로 발사한 인공위성 또한
멀리 날아가 버리지 않고 궤도운동을 하게 되는 것입니다.

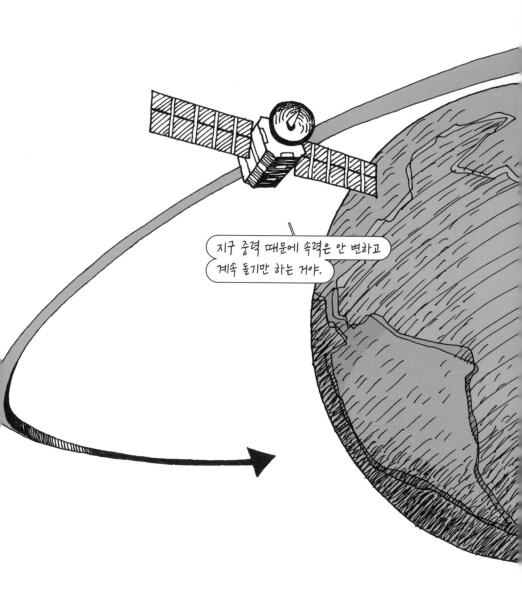

뉴턴은 중력의 힘을 우주 전체로 확장시켜 만물에 적용되는 보편적인 힘으로 놓았습니다.

사과나 달이나 똑같지?
달도 관성이 없으면 지구로 똑 떨어질 거야.

그럼 처음 달을 밀어서
관성을 만든 힘은 뭐래요?

그거야 신이 밀었겠지?

《프린키피아》의 출간으로 뉴턴은 유럽 과학계에서 가장 유명하고
권위 있는 인물이 되었습니다.

뉴턴은 1665년 만유인력을 떠올렸다고 알려져 있습니다.
그리고 1666년에 이르러 빛과 중력을 포함한 모든 역학에 관한 이론을 세웠고
미적분학의 개념까지 확립했다고 합니다.
사람들은 그해를 뉴턴의 '기적의 해'라고 부릅니다.

Annus Mirabilis : '멋진 한 해' 또는 '기적의 해'라는 뜻의 라틴어.

09

빛의 본성을
탐구하다

크리스티안 하위헌스

Christiaan Huygens (1629~1695)

네덜란드의 물리학자이자 천문학자이며 수학자이다. 빛의 파동성으로 여러 가지 현상을 설명하고 '하위헌스의 원리'를 수립했다. 토성의 위성을 발견했다.

18세기 초 유럽의 대다수 자연철학자들은
이제 세상 모든 현상에 관한 해답을 얻는 데
뉴턴이 집필한 《프린키피아》와 《광학》만으로도
충분하다고 믿었습니다.
그 와중에 네덜란드의 크리스티안 하위헌스는
대담하게 빛의 본질에 관해
뉴턴과 상반되는 주장을 펼쳤습니다.

빛에 관한 사람들의 생각은 고대부터 계속 바뀌어왔습니다.

기원전 300년경 기하학의 원조 유클리드는 사람의 눈에서 빛이 나와
사물에 닿아야 사물을 볼 수 있다고 했죠.

11세기 초 아라비아의 과학자 이븐 알하이삼은 사람의 눈이 빛을 받아들이는 시각 현상을 규명했습니다.

근대로 접어들면서 빛에 대한 학자들의 관심은
더욱 본질적인 양상을 띠었습니다.

17세기에 **기계론적 세계관***을 확립한 데카르트는 빛이 에테르라는 매질로
전달되는 파동이라고 생각했습니다.

* **기계론적 세계관**
자연의 운동과 변화를 기계적인 인과 관계와
역학 법칙으로 설명할 수 있다고 보는 세계관.

우주는 에테르로 꽉 차 있고 빈틈이 없어.
빛은 그 매질로 전달되는 파동인겨.

에테르가 뭔데?

우주에서의 운동을 설명하기 위해
상상한 가상의 물질이지.

영국 왕립학회에서 실험 과학을 이끈 로버트 훅도 같은 생각이었습니다.

고전물리학을 완성한 뉴턴도 빛에 관해 연구했습니다.

그리고 빛이 광원에서부터 사방으로 흩어져 에테르의 빈 공간을
직진하는 형태라고 결론을 내렸습니다.

에테르는 빈틈이 없다면서?

그건 데카르트 생각이고.

당신 생각은?

에테르도 입자거든.
그래서 빛이 직진할 수 있는 공간이 있어.

빛에 관한 이론도 많은 학자가 그의 견해를 지지하는 분위기였습니다.

비슷한 시기 네덜란드의 과학자 크리스티안 하위헌스는 결코 무시하지 못할 증거를 가지고 빛이 파동의 성질을 띤다고 주장했습니다.

하위헌스는 1629년 네덜란드의 헤이그에서 태어났습니다.

유력 가문에서 귀하게 자란 그는 최상의 교육 환경에서
라틴어, 수학, 법학, 논리학, 음악 등 거의 모든 학문을 배웠습니다.

아버지의 명망 때문에 하위헌스의 집에는 많은 명사가 찾아왔는데
그중에는 데카르트도 있었습니다.

크리스티안? 난 네 아버지 친구다.

명성은 익히 들었어요.

그래? 너 생각 좀 하니?

예, 그래서 제가 좀 존재하죠.

뭘 좀 아는구먼.

진로를 정해야 할 때 하위헌스는 아버지의 바람과 달리
법학보다 수학과 자연과학에 더 끌렸습니다.

법보다 수학이 더 좋아요.

데카르트 아저씨가 또⋯?

자연의 섭리에 이끌린 거지요.

그래, 이왕 하는 거 제대로 해봐.

하위헌스는 그때부터 집에 머물면서 본격적으로 관찰과 연구에 매진했습니다.

먼저 천문학부터 해볼까 해요.

어디 멀리 유학 안 가도 되겠너?

집 나가면 고생이죠.

토성의 위성을 발견하고 토성 고리의 성분을 분석하기도 한
하위헌스가 과학계에 이름을 알리게 된 것은 1657년 발명 특허를
받은 진자시계 덕이었습니다.

가장 뛰어난 업적인 빛에 관한 연구는 1678년 완성했지만,
1690년에야 《빛에 관한 논술》로 출판되었습니다.

빛이 파동이라고 본 하위헌스는 먼저 빛이 간섭 없이 교차되는 것만 봐도
입자일 리가 없다고 확신했습니다. 또 그는 빛의 회절 현상에 주목했습니다.
입자설은 회절을 충분히 설명하지 못한다고 판단했죠.

빛이 가진 운동의 특성으로는 직진, 반사, 굴절, 회절 등이 있습니다.

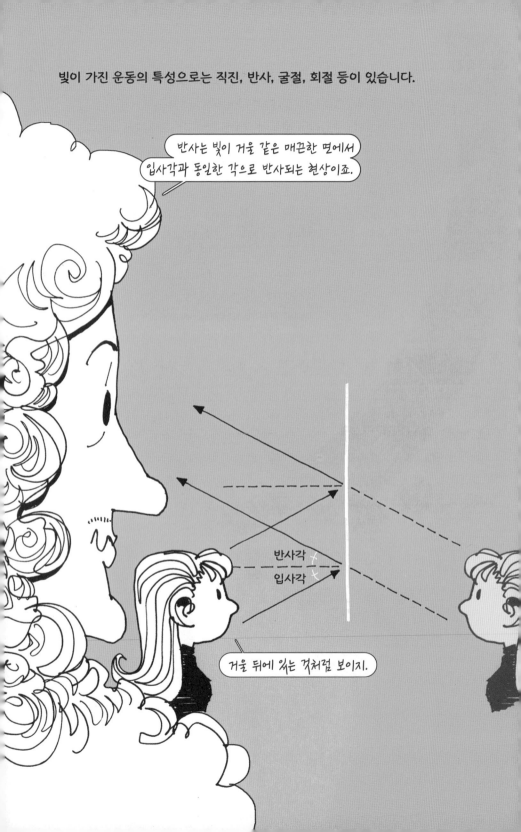

굴절은 빛이 한 매질에서 다른 매질로 이동하는 경계에서 꺾이는 현상입니다.

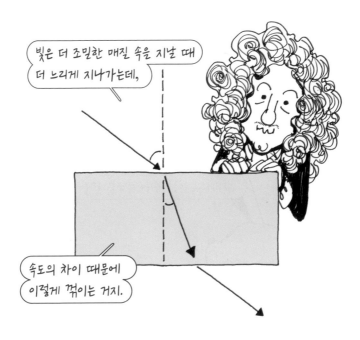

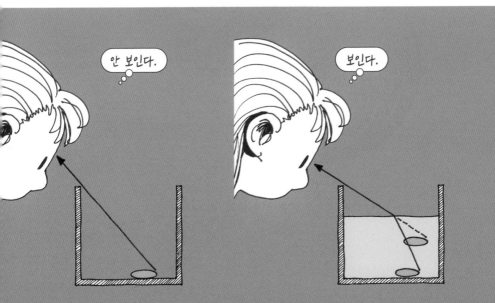

파동설과 입자설은 둘 다 나름대로 반사와 굴절을 설명할 수 있습니다.

파동

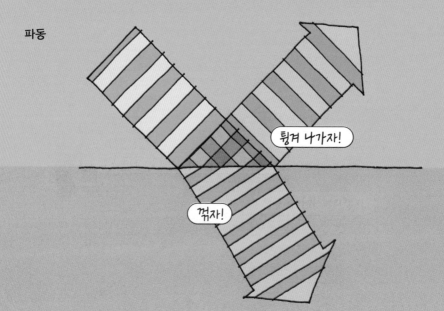

입자

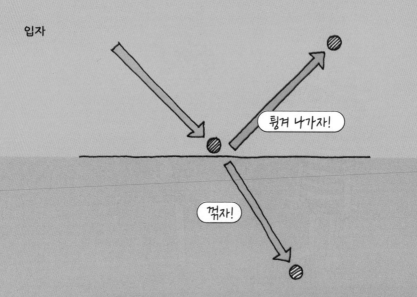

그런데 회절의 경우는 얘기가 다릅니다.
회절은 빛이 좁은 틈을 지날 때 확산되어 퍼져 보이는 현상입니다.

빛이 입자라면 틈을 직진으로 통과한 빛은 주변의 간섭을 받지 않고
뚜렷한 상으로 보여야 합니다.

하위헌스는 회절 현상을 충족시키기 위해서는 빛이 소리나 물결파 같은
파동이어야 한다고 주장했습니다.

'하위헌스의 원리'에 따르면 구형의 광파가 있으면
그 파면은 수많은 점으로 이루어져 있습니다.

이게 아주 큰 원이면 거의
직선파나 마찬가지겠죠?

그 모든 점이 다음번 광파가 시작되는 독립된 파원이 된다는 것입니다.

그런 빛이 아주 작은 틈을 지날 때 생긴 파원에서 다시 구면파가 만들어지기 때문에 회절이 발생한다는 것입니다.

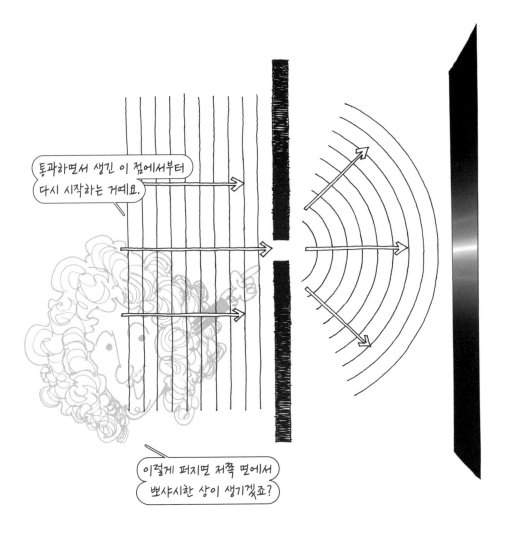

당시 과학계는 하위헌스의 원리에 고개를 끄덕였지만 선뜻 그의 주장을
지지하기는 어려웠습니다.

18세기가 지날 때까지 하위헌스의 원리는 뉴턴의 광학에 맞서는
의미 있는 가설 정도에 지나지 않았습니다.

그러나 19세기에 나타난 천재 과학자 토머스 영에 의해 하위헌스의 파동설이
옳았다는 것이 증명됩니다.

뭔데?

이중슬릿이라고 들어봤나?

Thomas Young

내가 주인공으로 나오는 4권에서 봐.

그리고 나중에 아인슈타인이 나타나서 또 사정이 달라지고,
양자역학이 등장하면서 또 달라지고….

아무렴 어때요?

입자라니까.

과학자들은 지금도 빛의 정확한 정체에 관해 연구하고 있습니다.

빛은 이걸까? 저걸까?

모르지.

그게 정답.

10

생물 분류의
초석을 다지다

칼 폰 린네

Carl von Linné (1707~1778)

스웨덴의 박물학자. 다종다양한 생물을 세분화하여 분류 체계를 정리하고, 생물을 속명과 종명으로 표시하는 이명법을 확립했다. 처음으로 인류에 '호모 사피엔스'라는 학명을 붙였다.

성서의 창세기에서 조물주가

최초의 인간에게 처음 맡긴 일은

세상 만물에 이름을 붙이는 것이었습니다.

인간은 동물의 한 종이자

유일무이하게 스스로 이름을 붙이고

대상을 분석하는 존재입니다.

18세기 칼 폰 린네는 현대 생물학의 토대가 된

명명법과 분류학의 체계를 확립했습니다.

세상에는 수많은 종류의 생물이 있고 그것들은 제각기 이름을 갖고 있습니다.

그리고 이름을 가진 것들은 모양이나 행태 등 특성에 따라 분류됩니다.

하지만 그것들 스스로는 어떤 이름으로 불리는지,
어디에 속해 있는지 알지 못합니다.

이름을 붙이고 종류를 나누는 것은 오직 인간의 관심사이기 때문입니다.

물론 생물학적으로 인간은 동물의 한 종이지만 그 또한 인간이
스스로를 그렇게 분류한 것입니다.

이를테면 인간은 스스로가 주체가 되어 모든 생물과 자연을 객체로 놓고 분석하는 유일한 생물입니다.

과학에서 대상에 이름을 붙이는 것은 다른 사람들과 함께 공유할 수 있는
표준을 만드는 일입니다.

각각의 것들을 비슷한 성질에 따라 분류하는 것 또한
편리한 목록과 계통도를 만들기 위한 것입니다.

생물학에서도 작명과 분류는 학문의 중요한 기초입니다.

그런데 생물은 종도 다양하고 특성도 매우 복잡해서 분류하기가 쉽지 않습니다.

식성, 생식, 걸음걸이 등 너무 복잡하다.

310   과학자들 2

지금과 같은 과학적인 분류 체계가 만들어지기까지 자연철학자들은 아주 오래전부터 효율적인 분류법에 대해 고민했습니다.

아리스토텔레스 같은 고대 자연철학자들은 지구상의 생명체들에게
조화로운 위계질서가 있다고 생각했습니다.

분류 방법이 발전하면서 16세기 이탈리아의 안드레아 체살피노는
식물을 열매와 씨의 구조에 따라 구분했습니다.

생식 방법과 구조에 따라
나누는 게 과학적이지 않겠나?

Andrea Cesalpino

1686년 영국의 박물학자 존 레이는 종이라는 개념을 확실하게 규정했습니다.

종(species)은 말이다. 짝짓기를 해서 자손을 낳을 수 있고 그 자손이 어미를 닮아야 하는 거야. 알아듣겠니?

John Ray

저희는 맺어질 수 없다는 말씀이군요.

그런 노력과 업적을 이어받아 현대적인 의미의 생물 명명법과
분류학을 완성한 거인은 스웨덴의 시골 마을 출신 칼 폰 린네입니다.

린네는 꼬마 식물학자로 불릴 정도로 호기심도 많고
채집과 연구에 몰두하는 어린이였습니다.

밥 안 먹고 뭐 하니?

관엽식물*의 궁합 조건에 관해
생각하고 있어요.

* **관엽식물**
잎사귀의 모양이나 빛깔의 아
름다움을 보고 즐기기 위하여
재배하는 식물.

아버지는 아들이 목사로 성공하길 바랐지만 린네는 생물학을 공부하기 위해
의과대학에 진학했습니다.

웁살라 대학에서 만난 저명한 식물학자였던 앤더스 셀시우스 교수는
린네의 잠재력을 알아보고 후원자로 나섰습니다.

셀시우스의 소개로 알게 된 올로프 루드베크 교수도
린네의 자질과 성실함에 매료되어 일찍부터 연구와 강의를 맡겼습니다.

이 논문 자네가 쓴 거 맞나?

예.

올해 몇 살이지?

스물두 살입니다.

다음 학기부터 강의 맡아라.

이제 2학년인데요?

Olof Rudbeck

강사를 거쳐 일찍이 교수가 된 린네는 매우 엄격하고 철두철미했지만
학생들에게 인기가 많았습니다.

그는 결코 시간을 낭비하지 않고 일사불란하게 움직이며 현장 조사를
수행하는 환상의 팀을 운영했습니다.

린네의 집요한 근성과 열정은 1735년 《자연의 체계》라는 기념비적인
문헌 출판으로 결실을 맺기 시작했습니다.

《자연의 체계》는 린네가 죽은 1778년까지 12판이나 발행되었으며, 6,000여 종의 식물과 4,000여 종의 동물을 망라했습니다.

이전엔 사람마다 생물을 분류하는 방법이 달라 혼란스러웠지만,
린네는 포괄적인 생물군에서부터 세부적인 생물군으로 점차 세분화해
체계적인 생물 분류 방식을 만들었습니다.

오늘날 생물학에서 사용하는 계(kingdom)부터 종(species)에 이르기까지의
표준 분류 체계는 린네가 만든 겁니다.

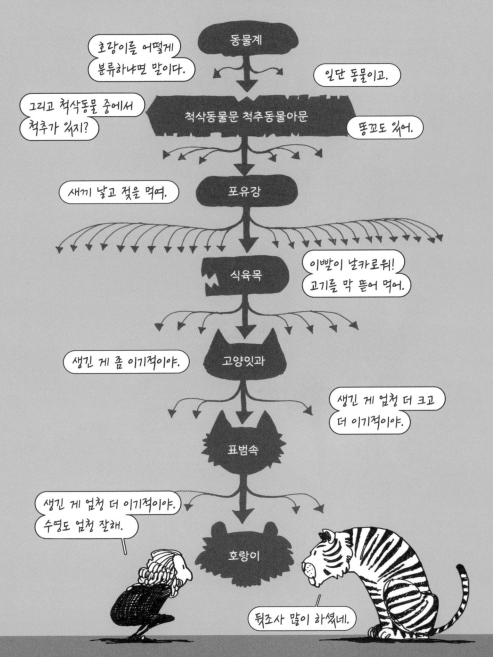

린네는 효율적인 생물학 연구를 위해서는 모든 과학자가 같은 방식으로 생물들에 이름을 붙여야 한다고 생각했습니다.

린네가 제안한 것은 생물의 속명과 종명을 나란히 기재하는 방식으로,
오늘날 전 세계 생물학자들이 그가 고안한 이명법을 따르고 있습니다.

이명법 덕분에 세계 곳곳에서 다른 이름으로 불리는 종이라 할지라도
학술적인 이름은 하나로 통일될 수 있었습니다.

린네는 자신이 고안한 분류의 틀에서 인간도 예외일 수 없다고 판단했고
호모 사피엔스를 동물계에 포함했습니다.

하지만 그가 지은 이름에서 인간은 다른 어떤 동물들과도
속명을 공유하지 않는 단일 종입니다.

반갑다. 나는 너희들과 비슷하면서도
전혀 다른 분이란 걸 명심해라.

꽉 물어도 되나?

현대 생물학의 튼튼한 초석을 놓은 린네는 최고의 명예를 누렸고
1778년 스웨덴에서 눈을 감았습니다.

이 책에 등장한 인물 및 주요 사건

1514~1564
안드레아스 베살리우스
1543년 《인체의 구조에 관하여》 출간

윌리엄 길버트 **1544~1603**
튀코 브라헤 **1546~1601**
프랜시스 베이컨 **1561~1626**

1564~1642 갈릴레오 갈릴레이
1571~1630 요하네스 케플러

1578~1657
윌리엄 하비
1628년 혈액순환의 이론을 정리

1596~1650
르네 데카르트
17세기 빛이 에테르라는 매질로
전달되는 파동이라고 생각

오토 폰 게리케 **1602~1686**
에반젤리스타 토리첼리 **1608~1647**

1622~1703 빈첸조 비비아니
1625~1712 조반니 도메니코 카시니

1627~1691
로버트 보일
1660년 왕립학회 창립
1662년 보일의 법칙 발견

존 레이 **1627~1705**

1629~1695
크리스티안 하위헌스
1690년 《빛에 관한 논술》 출간

1632~1723
안톤 판 레이우엔훅
1674년 최초로 원생생물 관찰

1635~1703
로버트 훅
1665년 직접 제작한 현미경으로
코르크 세포 관찰

1642~1727
아이작 뉴턴
1687년 《프린키피아》에서
근대 역학과 근대 천문학을 확립

에드먼드 핼리 **1656~1742**
벤저민 프랭클린 **1706~1790**

1707~1778
칼 폰 린네
1735년 《자연의 체계》 출간

이 책에 언급된 문헌들

14·42쪽   안드레아스 베살리우스, 《인체의 구조에 관하여(On the Fabric of the Human Body in Seven Books)》, 1543.

71쪽   윌리엄 하비, 《동물의 심장과 피의 운동에 관한 해부학적 연구(An Anatomical Study of the Motion of the Heart and of the Blood in Animals)》, 1628.

159·162·163~165·182쪽   로버트 훅, 《마이크로그라피아(Micrographia)》, 1665.

241쪽   아이작 뉴턴, 〈빛과 색채에 관한 새 이론(A New Theory of Light and Colours)〉, 1672.

247·260·263·266쪽   아이작 뉴턴, 《프린키피아(자연철학의 수학적 원리The Principia: Mathematical Principles of Natural Philosophy)》, 1687.

266·274쪽   아이작 뉴턴, 《광학(Opticks)》, 1704.

284쪽   크리스티안 하위헌스, 《빛에 관한 논술(Treatise on Light)》, 1690.

322·323쪽   칼 폰 린네, 《자연의 체계(A General System of Nature)》, 1735.

참고 문헌

- 구인선, 《유기화학》, 녹문당, 2004.
- 김희준 외, 《과학으로 수학보기, 수학으로 과학보기》, 궁리, 2005.
- 낸시 포브스 외, 박찬 외 옮김, 《패러데이와 맥스웰》, 반니, 2015.
- 니콜라 찰턴 외, 강영옥 옮김, 《과학자 갤러리》, 윌컴퍼니, 2017.
- 데이비드 린들리, 이덕환 옮김, 《볼츠만의 원자》, 승산, 2003.
- 드니즈 키어넌, 김용현 옮김, 《Science 101 화학》, 이치사이언스, 2010.
- 래리 고닉, 전영택 옮김, 《세상에서 가장 재미있는 미적분》, 궁리, 2012.
- 랜들 먼로, 이지연 옮김, 《위험한 과학책》, 시공사, 2015.
- 루이스 엡스타인, 백윤선 옮김, 《재미있는 물리여행》, 김영사, 1988.
- 리언 레더만, 박병철 옮김, 《신의 입자》, 휴머니스트, 2017.
- 마르흐레이트 데 헤이르, 김성훈 옮김, 《과학이 된 무모한 도전들》, 원더박스, 2014.
- 마이클 패러데이, 박택규 옮김, 《양초 한 자루에 담긴 화학이야기》, 서해문집, 1998.
- 마크 휠리스 글, 래리 고닉 그림, 윤소영 옮김, 《세상에서 가장 재미있는 유전학》, 궁리, 2007.
- 박성래 외, 《과학사》, 전파과학사, 2000.
- 배리 가우어. 박영태 옮김, 《과학의 방법》, 이학사, 2013.
- 배리 파커, 손영운 옮김, 《Science 101 물리학》, 이치사이언스, 2010.
- 벤 보버, 이한음 옮김, 《빛 이야기》, 웅진지식하우스, 2004.
- 브렌다 매독스, 진우기 외 옮김, 《로잘린드 프랭클린과 DNA》, 양문, 2004.
- 사키가와 노리유키, 현종오 외 옮김, 《유기 화합물 이야기》, 아카데미서적, 1998.
- 송성수, 《한권으로 보는 인물과학사》, 북스힐, 2015.

- 아이뉴턴 편집부 엮음, 《완전 도해 주기율표》, 아이뉴턴, 2017.
- 아트 후프만 글, 래리 고닉 그림, 전영택 옮김, 《세상에서 가장 재미있는 물리학》, 궁리, 2007.
- 알프레드 노스 화이트헤드, 오영환 옮김, 《과학과 근대세계》, 서광사, 2008.
- 애덤 하트데이비스, 강윤재 옮김. 《사이언스》, 북하우스, 2010.
- 애덤 하트데이비스 외, 박유진 외 옮김, 《과학의 책》, 지식갤러리, 2014.
- 이정임, 《인류사를 바꾼 100대 과학사건》, 학민사, 2011.
- 정재승, 《정재승의 과학 콘서트》, 어크로스, 2003.
- 제임스 D. 왓슨, 하두봉 옮김, 《이중나선》, 전파과학사, 2000.
- 조지 오초아, 백승용 옮김, 《Science 101 생물학》, 이치사이언스, 2010.
- 존 M. 헨쇼, 이재경 옮김, 《세상의 모든 공식》, 반니, 2015.
- 존 그리빈, 김동광 옮김, 《거의 모든 사람들을 위한 과학》, 한길사, 2004.
- 존 헨리, 노태복 옮김, 《서양과학사상사》, 책과함께, 2013.
- 칼 세이건, 홍승수 옮김, 《코스모스》, 사이언스북스, 2006.
- 커트 스테이저, 김학영 옮김, 《원자, 인간을 완성하다》, 반니, 2014.
- 크레이그 크리들 글, 래리 고닉 그림, 김희준 외 옮김, 《세상에서 가장 재미있는 화학》, 궁리, 2008.
- Transnational College of Lex, 김종오 외 옮김, 《양자역학의 모험》, 과학과문화, 2001.
- 프랭크 H. 헤프너, 윤소영 옮김, 《판스워스 교수의 생물학 강의》, 도솔, 2004.
- 피트 무어, 이명진 옮김, 《관습과 통념을 뒤흔든 50인의 과학 멘토》, 책숲, 2014.
- 홍성욱, 《그림으로 보는 과학의 숨은 역사》, 책세상, 2012.

찾아보기

ㄱ

가속도 · 100, 202, 205, 209, 210~218, 220~226, 249, 252, 254

간 · 26, 56, 61, 68, 69

간섭 · 143, 285, 290

갈레노스, 클라우디오스 · 13, 31~34, 36, 37, 39, 40, 46, 55, 56, 58~61, 63, 66~70

갈릴레이, 갈릴레오 · 85, 120, 132, 200, 219, 222, 242

강력 · 255

게리케, 오토 폰 · 127, 128, 130

결찰사 · 67

계 · 323, 324

고배율현미경 · 171~172, 198

고전물리학 · 273

고전역학 · 199, 202, 203, 237, 247

공간 · 98, 111, 113, 116, 122, 138, 256, 275

공기 · 61, 101, 111~113, 118, 120, 122, 125, 127, 128, 130, 135~139, 141, 144, 162, 229, 230

공기압 · 127

공기저항 · 222

공전 · 234, 251

관성 · 87, 89, 100, 104, 200, 202, 218, 219, 229, 249, 251, 252, 254, 262

관성의 법칙 · 89, 202, 219, 249

관찰 · 40, 65, 67, 75, 91, 133, 143, 144, 149, 152, 157, 160~163, 165, 172, 181, 182, 184, 195, 186, 258, 282

관측 · 283

광파 · 292, 293

광학 · 167, 296

구면파 · 294

구심력 · 254, 256

굴절 · 273, 286~288

궤도운동 · 168, 244, 260, 261

근대 · 13~15, 24, 46, 76~78, 93, 106, 108, 109, 117, 200, 270

근대 우주관 · 14

기계론 · 105, 106, 271

기계론적 세계관 · 271

기압 · 112, 124~127, 139, 140

기적의 해 · 264

ㄴ

낙하운동 · 221~223, 252

뉴턴(N) · 227

ㄷ

단세포생물 · 172, 189

달 · 162, 231, 236, 248, 250, 251, 255, 257, 258,
    262

대기압 · 122, 130, 140

대동맥 · 48, 49

대순환 · 51

대적점 · 144, 157

대정맥 · 48, 49

동공 · 269

동맥 · 51, 67, 68

동맥혈 · 45, 49, 52, 58, 61, 68, 74

동물 · 38, 60, 65, 137, 162, 189, 300, 302, 305,
    309, 323~325, 329~330

동물계 · 324, 325, 329

등속 · 204, 217, 249, 250

등속운동 · 249, 250

등속직선운동 · 250

ㄹ

레이, 존 · 314

렌, 크리스토퍼 · 243

루드베크, 올로프 · 319

르네상스 · 15, 33, 44

ㅁ

만유인력 · 237, 264

말피기, 마르첼로 · 75

망막 · 269

망원경 · 157, 240

맥박 · 70

모세혈관 · 48, 51, 75

목성 · 144, 157,

무게 · 98, 112, 120, 125, 226, 228, 229

물리 법칙 · 165

물질 · 79, 98, 99, 104, 105, 116, 117, 271

물체 · 98, 99, 201, 204, 207, 209, 214~218, 222,
    224~226, 231, 234, 236, 249, 250, 252,
    254

미생물 · 171, 176, 177, 188, 190, 196

ㅂ

반비례 · 109, 139, 168, 215, 244

반사 · 269, 286, 288

반사망원경 · 240

반작용 · 202, 227, 228, 229

방법적 회의 · 95

백색광 · 241, 274

베이컨, 프랜시스 · 91, 92, 142

베이컨주의 · 142

보일의 법칙 · 109, 139, 141

복합현미경 · 133, 160, 176, 190

분류 · 299, 302, 305, 308~311, 313, 323, 325, 329

분류법 · 315

분류학 · 300, 315

비례 · 165, 215, 221

비례상수 · 216

비비아니, 빈첸초 · 120, 121, 123

비활성기체 · 308

빛 · 143, 144, 160, 167, 199, 241, 264~277, 284~287, 289~291, 294, 298

빛의 성질 · 167, 199

ㅅ

사고실험 · 200, 219, 280

산소 · 50, 52

생리학 · 45, 46

생물 · 299, 301, 306, 309, 310, 315, 324, 327

생물학 · 105, 300, 305, 309, 317, 325, 326, 327, 329

생식 · 189, 310, 313

세포(셀) · 133, 143, 159, 163, 174

세포벽 · 144, 182

셀시우스, 앤더스 · 318, 319

소순환 · 52

속 · 325

속도 · 63, 204~214, 217, 220~221, 224, 229, 249, 251, 260, 261, 287

속도계 · 212, 213

속력 · 206, 207, 252, 261

속명 · 299, 327, 330

수은 · 120~122

수은 기둥 · 122

스토아 철학 · 35

시간 · 206, 207, 211, 212, 221

식물세포 · 174

실험 · 24, 45, 60, 67, 76, 91, 92, 107, 109, 110, 119~121, 123~125, 127, 130, 134, 136, 137, 139, 142, 146, 147, 152, 154, 156,

181, 195, 196, 238, 241, 258, 272, 321

실험 기구 · 134, 154

심장 · 45, 48, 49, 51, 52, 58, 65, 68, 70, 72, 74

ㅇ

아리스토텔레스 · 93, 231, 250, 312

알하이삼, 이븐 · 269

양자역학 · 297

F=ma · 216

에테르 · 271, 275

연소 과정 · 137

연주시차 · 81

왕립학회 · 142, 144, 147, 155, 156. 158, 170,
172, 193, 194, 197, 238, 240, 241,
272, 296

우심방 · 49

우심실 · 49, 58, 61, 66

운동 법칙 · 200~202, 232

운동 제1법칙(관성의 법칙) · 202, 219, 246, 249

운동 제2법칙(가속도의 법칙) · 202, 216, 223

운동 제3법칙(작용 반작용의 법칙) · 202, 227

원생생물 · 189

원운동 · 100, 250

유클리드 · 268

이론물리학자 · 259

이명법 · 299, 327, 328

이산화탄소 · 50, 52

이중슬릿 · 297

인공위성 · 261

인체 구조 · 43

인체 해부 · 19, 20, 28, 29, 39

입자 · 101, 103, 111, 116, 138, 275, 285, 288,
290, 297

입자설 · 285, 288

ㅈ

자기력 · 87

자연 · 57, 82, 106, 110, 114, 271, 281, 306

자연계 · 182, 255

자연과학 · 15, 281

자연과학자 · 238

자연철학 · 78, 80, 81, 84, 108, 114

자연철학자 · 109, 115, 117, 132, 164, 194, 266,
311, 312

자유낙하 · 200

전자기력 · 255

정맥 · 51, 56, 57, 62, 66~68

정맥혈 · 45, 49, 52, 61, 68, 74

제임스 1세 · 73

종 · 306, 310, 314, 323, 325, 328, 330

종명 • 299, 327

좌심방 • 49, 61

좌심실 • 49, 58, 61, 66

중력 • 87, 103, 144, 199, 222, 226, 234, 248,
    260~262, 264

중력가속도 • 100, 223~226

지각 변동 • 166

지구 • 86~89, 112, 226, 231, 234, 257, 261, 262,
    312

지상계 • 231

직진 • 204, 230, 253, 275, 286, 290

진공 • 101, 102, 107, 113~115, 117~120, 122,
    123, 127, 130, 136, 256

진공 상태 • 119, 122, 130, 136

진자시계 • 283

ㅊ

찰스 1세 • 73

찰스 2세 • 240

천동설 • 14

천문학 • 81, 282

천문학자 • 143, 157, 199, 243, 265

천체 운동 • 234, 252

체살피노, 안드레아 • 313

체순환 • 51

최외각전자 • 308

ㅋ

카시니, 조반니 도메니코 • 157

케플러의 법칙 • 244

코르크 • 159, 163, 174, 182

코페르니쿠스, 니콜라우스 • 14, 85, 93, 242

콜롬보, 레알도 • 61, 66

ㅌ

타운리, 리처드 • 139

타원 • 251

태양 • 168, 244, 250

태양계 • 100, 102

토리첼리, 에반젤리스타 • 120, 121, 124

토리첼리의 진공 • 123

토성 • 265, 283,

ㅍ

파동 • 263, 271, 277, 285, 288, 291

파동설 • 143, 144, 288, 297

파브리치우스, 히에로니무스 • 62, 64, 66

파스칼, 블레즈 • 124~126

파워, 헨리 · 139

평면좌표 · 104

폐 · 48, 50, 52, 61, 66

폐동맥 · 48, 49, 52

폐순환 · 52

폐정맥 · 48, 49, 52, 61

프리즘 · 241, 274

피 · 17, 46, 47, 49~51, 53, 54, 56~59, 62, 63,
    65, 66, 68~69,

회전운동 · 255

회절 · 285, 286, 289, 291, 294

힘 · 87, 89, 100, 101, 107, 112, 117, 130, 165,
    201, 202, 209, 214~217, 221, 222,
    226~232, 234, 244, 250, 254, 255,
    257~259, 262

ㅎ

해부 · 18~22, 24, 29, 31, 38~41, 44, 60, 64, 65,
    70, 72, 76

해부학 · 13~15, 18, 23, 24, 28~30, 41, 46, 59

핼리, 에드먼드 · 169, 243~246

행성 · 87, 100, 101, 168, 231, 234, 244, 250,
    251, 255, 258

행성 궤도 · 101, 117, 168, 244

행성 운동 · 244

헬레니즘 · 34

현미경 · 75, 132, 143, 144, 159~161, 165,
    171~173, 176, 182, 186, 190, 198

혈액순환 · 45~47, 53, 54, 63, 66, 71, 74, 76

호모 사피엔스 · 329

회의주의 · 84, 85, 90

사이언스툰 과학자들 2

1판 1쇄 발행일 2018년 9월 27일
2판 1쇄 발행일 2023년 9월 25일
2판 2쇄 발행일 2024년 11월 25일

지은이 김재훈

발행인 김학원
발행처 (주)휴머니스트출판그룹
출판등록 제313-2007-000007호(2007년 1월 5일)
주소 (03991) 서울시 마포구 동교로23길 76(연남동)
전화 02-335-4422 **팩스** 02-334-3427
저자·독자 서비스 humanist@humanistbooks.com
홈페이지 www.humanistbooks.com
유튜브 youtube.com/user/humanistma **포스트** post.naver.com/hmcv
페이스북 facebook.com/hmcv2001 **인스타그램** @humanist_insta

편집주간 황서현 **편집** 박나영 **디자인** 박인규
용지 화인페이퍼 **인쇄** 삼조인쇄 **제본** 해피문화사

ⓒ 김재훈, 2023

ISBN 979-11-7087-049-4 04400
ISBN 979-11-7087-047-0 (세트)